Klimawirksame Kennzahlen Band I

Klimawirksame Kennzahlen Band I

Valentin Crastan

Klimawirksame Kennzahlen Band I

Europa + Eurasien und Afrika

3., aktualisierte Auflage

Valentin Crastan
Evilard, Schweiz

ISBN 978-3-658-30334-1   ISBN 978-3-658-30335-8   (eBook)
https://doi.org/10.1007/978-3-658-30335-8

Die Deutsche Nationalbibliothek verzeichnet diese Publikation in der Deutschen Nationalbibliografie;
detaillierte bibliografische Daten sind im Internet über http://dnb.d-nb.de abrufbar.

Lektorat: Dr. Daniel Fröhlich
Springer Vieweg ist ein Imprint der eingetragenen Gesellschaft Springer Fachmedien Wiesbaden GmbH und ist
ein Teil von Springer Nature.
Die Anschrift der Gesellschaft ist: Abraham-Lincoln-Str. 46, 65189 Wiesbaden, Germany

Die alles andere als erfreuliche Entwicklung der weltweiten CO_2-Emissonen von 2014 bis 2017 (+1,2 %) wird weder dem 2-Grad- und noch viel weniger dem 1,5-Grad-Ziel gerecht. Der eurasische Kontinent macht mit + 0,4 % keine Ausnahme.

In der vorliegenden Neuauflage von „Klimawirksame Kennzahlen" Band I, werden die Zahlen und Grafiken von Westeuropa, Osteuropa, Eurasien und Afrika entsprechend den letzten Statistiken von IEA und IMF aktualisiert. Die zur Erreichung der von der Klimaforschung mit Nachdruck geforderten Begrenzung der Erderwärmung möglichst auf 1,5 °C und die dazu notwendigen Massnahmen, sind stärker in den Vordergrund gerückt worden. Was man tun müsste, ist eigentlich klar. Die Hoffnung bleibt, dass der Druck auf die Politik, der 2019 von der Klimajugend-Bewegung ausgegangen ist, von Dauer bleibt und zu Ergebnissen führt bezüglich Umsetzung der im Pariser Abkommen festgelegten dringenden Klimaschutz-Massnahmen.

Evilard Valentin Crastan
Januar 2020

Vorwort zur 2. Auflage

Band I des zweibändigen, alle Kontinente erfassenden Werks „Klimawirksame Kennzahlen" fasst die beiden Essentials Europa+Eurasien und Afrika (s. Literaturverzeichnis) zusammen, ergänzt und aktualisiert sie entsprechend dem letzten Stand der verfügbaren Energie und Wirtschaftsdaten. Europa und Eurasien sind kulturell, aber auch energiewirtschaftlich, eng verbunden und es ist vernünftig, durch den Abbau der politischen Spannungen, eine stärkere Zusammenarbeit anzustreben. Was Afrika betrifft, ist die Nähe zu Europa heute in Zusammenhang mit Migrationsbewegungen besonders spürbar. Eine Unterstützung der Entwicklung dieses aufstrebenden Kontinents seitens der Industrieländer ist auch deshalb von erstrangiger Bedeutung.

Die Begrenzung der globalen Klimaerwärmung auf 2 °C relativ zur vorindustriellen Zeit ist ein weltweit anerkanntes Minimalziel. Die Klimawissenschaft und das von fast 200 Ländern abgeschlossene Pariser Klimavertrag empfehlen das 1,5-Grad-Ziel anzustreben. Die für die Erreichung dieser Klimaziele notwendige Einschränkung der weltweit kumulierten CO_2-Emissionen aus fossilen Brennstoffen bis 2100, wird in der Einleitung veranschaulicht. Eine mögliche Verteilung der regionalen Bemühungen bis 2030 und 2050 wird im Bericht für beide Kontinente empfohlen. Messbare Indikatoren, welche die beiden Aspekte Energieeffizienz und CO_2-Intensität der Energie berücksichtigen, ermöglichen eine gerechte Beurteilung der regionalen Anstrengungen. Die Trends aller wichtigen Kennzahlen seit 2000 und speziell auch die aktuellen Tendenzen seit 2010 sind für alle Länder ein wesentlicher Ausgangspunkt.

Die Energieverantwortlichen in Wirtschaft und Politik der jeweiligen Länder, sowie die sich mit dem Klimaschutz befassenden nationalen und internationalen Institutionen können aus den hier gegebenen Empfehlungen ihre eigenen Schlüsse ziehen und die Massnahmen in die Wege leiten, die notwendig sind, um mindestens die Bedingungen für das 2-Grad-Ziel zu erfüllen.

Evilard
April 2018

Valentin Crastan

Inhaltsverzeichnis

Teil II Afrika

5 Energiewirtschaftliche Analyse 83
5.1 Einführung... 83
5.2 Bevölkerung und Bruttoinlandsprodukt......................... 83
5.3 Bruttoenergie, Endenergie, Verluste des Energiesektors
    und entsprechende CO_2-Emissionen 86
5.4 Energieflüsse im Jahr 2017 90
   5.4.1 Energiefluss im Energiesektor 90
   5.4.2 Energiefluss der Endenergie zu den Endverbrauchern........... 91
   5.4.3 Nord-Afrika 91
   5.4.4 Südafrika 91
   5.4.5 Restliches Afrika 96
   5.4.6 Afrika insgesamt 96
5.5 Energieintensität... 96
5.6 CO_2-Intensität der Energie................................. 102
5.7 Indikator der CO_2-Nachhaltigkeit 104

Abbildungsverzeichnis

"

Der **fünfte IPCC-Bericht von 2014** über den Klimawandel [5–7] bestätigt im Wesentlichen die Aussagen des vierten Berichts von 2007. insbesondere, dass die Erderwärmung menschengemacht ist. Eindringlicher als zuvor wird die Notwendigkeit betont die CO_2-Emissionen rasch einzudämmen, um die mittlere Temperaturerhöhung der Erde, als Minimalziel, nicht über 2 °C ansteigen zu lassen (2-Grad-Grenze).

Ein Bericht des Oeschger-Zentrums von 2012, Bern, legt eine strengere Reduktion der CO_2-Emissionen nahe, um Ozeanversauerung (Korallen, Kalkschalen von Meerestieren), Kohlenstoffverlust auf Ackerflächen, Anstieg des Meeresspiegels stärker zu begrenzen [8]; ebenso empfiehlt das Abkommen von Paris 2015/2017 möglichst die 1,5-Grad-Grenze anzustreben.

Der **Verlauf der kumulierten Kohlenstoff-Emissionen** von 1870 bis 2017 (mit der Annahme von 100 Gt C von 1870 bis 1970, [5, 8]) ist entsprechend der IEA-Statistik [3] in **Abb. 1.1** dargestellt. Jedem kumulierten Wert in 2100 ist die Temperaturerhöhung zugeordnet, die mit 66 % Wahrscheinlichkeit nicht überschritten wird.

Das **2-Grad-Ziel** lässt sich nur erreichen, wenn die totalen von der Verbrennung von fossilen Brennstoffen herrührenden Kohlenstoff-Emissionen von 1870 bis 2100 rund **800 Gt C** nicht überschreiten (was etwa 2900 Gt CO_2 entspricht).

Um das **1,5-Grad-Ziel** sicherzustellen sind die kumulierten Emissionen bis 2100 auf höchstens **550 Gt C** zu begrenzen.

Abb. 1.2 stellt die **jährlichen weltweiten CO_2-Emissionen** in der Vergangenheit und die für die Einhaltung der Klimaziele in Zukunft noch zulässigen dar. Sie zeigt klar die für den Klimaschutz notwendige Emissionsreduktion.

Für die 2-Grad-Grenze sind in Abb. **1.2** zwei Varianten angegeben, beide mit gemeinsamem Emissionswert von 16 Gt CO_2 in 2050 (nur fossile Energieträger). Im Diagramm sind auch zwei strengere Varianten eingetragen, welche die Einhaltung des 1,5-Grad-Ziels ermöglichen würden.

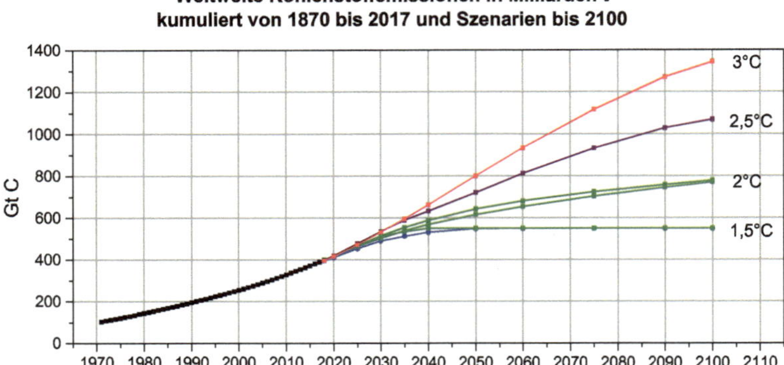

Abb. 1.1 Kumulierte Kohlenstoffemissionen (nur fossile Brennstoffe) weltweit von 1870 bis 2017 und Szenarien bis 2100 mit entsprechender Temperaturerhöhung

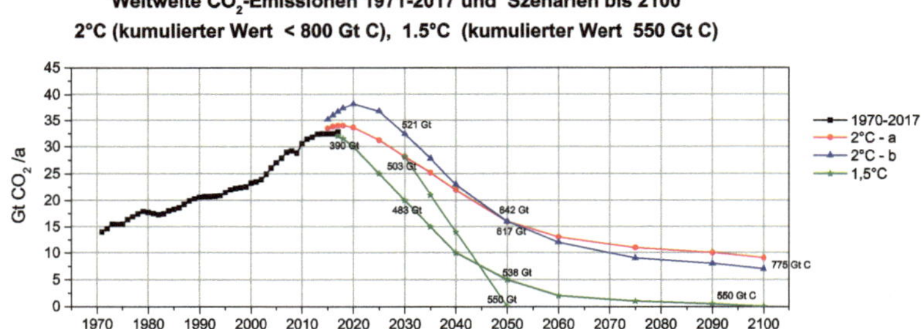

Abb. 1.2 Varianten *a* und *b* des 2-Grad-Szenarios und zwei Wege um das 1,5-Grad-Ziel zu erreichen, mit Angabe der jeweils kumulierten Werte seit 1870, z. B. 390 Gt C bis 2017 (1 Gt C entspricht 3,667 Gt CO_2; der gegenwärtige weltweite jährliche Ausstoss von rund 33 Gt CO_2 erhöht jährlich den kumulierten Wert um 9 Gt C)

Von den zwei 2-Grad-Varianten hat nur die **Variante a** eine Chance, durch noch strengerem Abnahmetrend ab 2030 und Reduktion der Emissionen auf Null bis 2050, das 1,5-Grad-Ziel doch noch zu erreichen (kumulierter Wert maximal **550 Gt C**).

Mit der **Variante b** überschreitet man 2030 bereits 520 Gt C. Die Erreichung des 1,5-Grad-Ziels ist dann nicht mehr realistisch. Selbst für das 2-Grad-Ziel wären ab 2030 strengere Reduktionsraten notwendig, nicht nur bis 2050 sondern auch ab diesem Datum, um die im Jahr 2100 für das 2-Grad-Ziel erforderliche kumulative Emissionsgrenze überhaupt einzuhalten. Die Emissionen müssten rasant nach unten gehen, ähnlich den 1,5-Grad-Varianten, was breiter Einsatz von **CCS (Carbon Capture and Storage)** und ab 2050 möglichst auch von Kernfusion erfordern würde.

Durch **CCS** wird das bei der Verbrennung entstandene CO_2 durch Einfang und Speicherung des Kohlenstoffes von der Atmosphäre ferngehalten. Bei dieser

Methode ist allerdings bis heute nicht einwandfrei erwiesen, dass sie, bei breiter Anwendung, ökologisch vertretbar ist. In einigen Studien wird die Möglichkeit von „negativen Emissionen" (BECCS, Bioenergie und CCS) in Erwägung gezogen, d. h. Biomasse-Verbrennung gekoppelt mit CCS, durch Züchtung und Verbrennung schnell wachsender Pflanzen, [7, 9].

Wir untersuchen in der vorliegenden Reihe, welche **Bedingungen die Energiewirtschaft aller Regionen oder Länder** des betreffenden Kontinents erfüllen müsste, um das 2-Grad-Ziel (nur Var. a) bzw. das 1,5-Grad-Ziel gemäss Abb. 1.2 einzuhalten. Für das 2-Grad-Ziel wären bis 2030 die Gesamt-CO_2-Emissionen, von 33 Gt in 2017 auf 28 Gt zu reduzieren. Für das 1,5-Grad-Ziel ist eine stärkere Reduktion auf 20 Gt notwendig. Trotz Wachstum der Wirtschaft muss der Verbrauch fossiler Brennstoffe rasch eingeschränkt und durch andere CO_2-arme Energiequellen ersetzt werden, wobei vor allem für das 1,5-Grad-Ziel ein möglichst in Grenzen gehaltener Einsatz von CCS nicht vermeidbar sein wird.

Die **Alternative** wäre, sich an höhere Temperaturen anzupassen, mit den ernsten z. T. dramatischen Konsequenzen, welche die Klima-Wissenschaft im letzten IPCC-Bericht [6] mehr als deutlich zum Ausdruck gebracht hat. Auf weitere, vorerst eher im Bereich der Science Fiction liegende Möglichkeiten des Geo-Engineering gehen wir hier nicht ein.

In Band I und Band II dieses **Klimaschutz-Berichts** werden, konkreter ausgedrückt, für alle Weltregionen oder Kontinente, ausgehend von den Grunddaten (Bevölkerung, Bruttoinlandsprodukt bei Kaufkraftparität (BIP KKP), Bruttoinlandsverbrauch (Bruttoenergie) und CO_2-Ausstoss), die zeitliche Entwicklung der wichtigsten Kenngrössen von 1970 bis 2017 festgehalten und bis 2050 extrapoliert, unter Berücksichtigung der aktuellen Trends, lokaler Faktoren und der Erfordernissen des 2-Grad- bzw. 1,5-Grad-Klimaziels.

Indikatoren

Die wichtigsten Kenngrössen sind [11, 12]:

- die **Energieintensität,** in kWh/$ (Mass der Energieeffizienz der Region oder des Landes),
- die **CO_2-Intensität der verwendeten Energie,** in g CO_2/kWh, abhängig vom Energiemix (fossil, nuklear, erneuerbar),
- der daraus resultierende **Indikator der CO_2-Nachhaltigkeit,** definiert als Produkt dieser beiden Grössen (und somit in g CO_2/$ ausgedrückt)

Mit dem Problem wie die notwendigen Gesamt-Abnahmeraten erreicht werden können ist die Frage verbunden, wie die Anstrengungen auf die einzelnen Kontinente, Regionen und Länder zu verteilen sind. Es wird versucht eine Antwort zu geben, die auf den Emissionen im Verhältnis zur wirtschaftlichen Leistung basiert. Entscheidend für die Umsetzung sind schließlich wirtschaftliche Überlegungen, die durch die lokale Politik, aber auch durch internationale Foren und bilaterale Verhandlungen wirksam beeinflusst werden können.

Erdteile

Die zweibändige Reihe teilt die Welt in **fünf Erdteile** auf. In ersten Band werden **Europa + Eurasien** und **Afrika** untersucht. Die Daten und die Analyse der restlichen Weltregionen mit entsprechenden Handlungsempfehlungen findet man im zweiten Band, welcher die Erdteile **Amerika, Nahost und Südasien** sowie **Ost-Asien und Ozeanien** umfasst.

Die Abb. 1.3 zeigt die Anteile der Weltregionen an den weltweiten, für den Klimawandel ausschlaggebenden, **kumulierten Emissionen von 1971 bis 2017.** Die stark industrialisierten Länder sind eindeutig die Hauptverursacher des Klimawandels, wie die Abb. 1.4 noch etwas detaillierter zeigt. Zu den **290 Gt C** kumulierte Emissionen von 1971 bis 2017 kommen noch etwa 100 Gt von 1870 bis 1971 hinzu, letztere in erster Linie von Europa und USA verursacht. Seit Beginn der Industrialisierung sind also **390 Gt C** an die Atmosphäre abgegeben worden. Für das 2-Grad-Ziel sind wie bereits erwähnt bis 2100 maximal 800 Gt C zulässig, für das 1,5-Grad-Ziel nur 550 Gt C.

Die Abb. 1.5 zeigt den Anteil von Europa + Eurasien und von Afrika sowie der übrigen Weltregionen an den weltweiten CO_2-Emissionen durch fossile Brennstoffe **im Jahr 2017.**

Die Abb. 1.6 zeigt wie sich diese **Anteile bis 2050** verändern, wenn die für das 2-Grad-Klimaziel notwendige Halbierung der Gesamtemissionen erzielt wird (in Klammern Änderung der effektiven Emissionen **relativ zu 2017**). Für Amerika ergibt sich eine Reduktion der Emissionen um 63 %, für den Nahen Osten + Südasien um

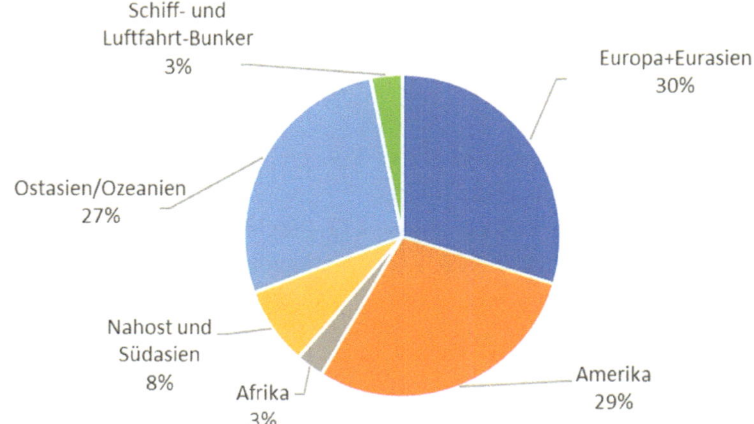

Abb. 1.3 Prozent-Anteile der kumulierten Kohlenstoff-Emissionen von 1971 bis 2017

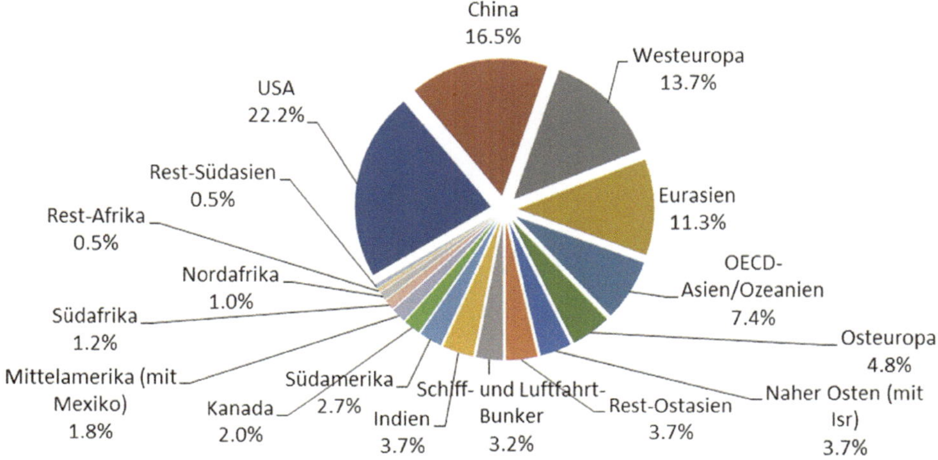

Abb. 1.4 Verursacher der kumulierten Emissionen seit 1971

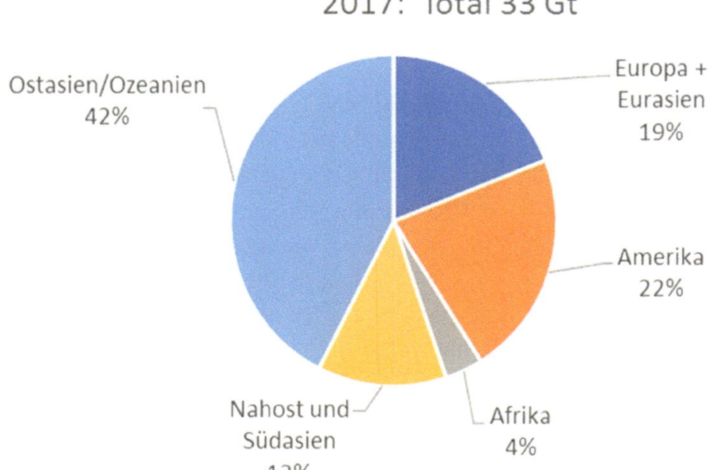

Abb. 1.5 Prozent-Anteile der fünf Weltregionen an den CO_2-Emissionen in 2017

13 % und für Ostasien/Ozeanien um 55 %. Der Eurasische Kontinent muss um 60 % reduzieren, während für Afrika eine Erhöhung der Emissionen um 62 % zugelassen ist. Das 1,5-Grad-Ziel erfordert insgesamt eine Reduktion von 85–100 % also nahezu CO_2-Neutralität bis 2050.

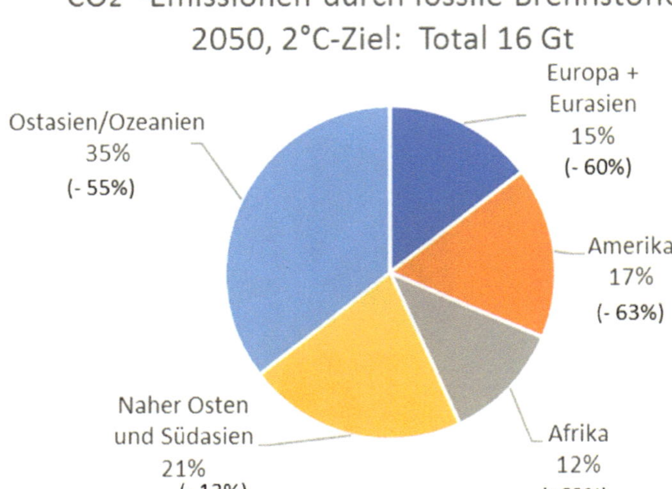

Abb. 1.6 Prozent-Anteile der CO_2-Emissionen in 2050 für das 2-Grad-Klimaziel und Emissions-Reduktion bzw. -Zunahme ab 2017

Daten

Das für die Analyse verwendete Datenmaterial, s. auch das Literaturverzeichnis, sei nachfolgend zusammengestellt:

- Die statistischen Daten zur Bevölkerung und zur Verteilung des Energieverbrauchs aller Länder stammen aus den aktualisierten Berichten der Internationalen Energie-agentur (IEA) [3]. Jene über das kaufkraftbereinigte Bruttoinlandsprodukt (BIP KKP) einschließlich prognostizierter Entwicklung sind dem Bericht des Internationalen Währungsfonds (IMF) entnommen [4] (im Wesentlichen mit jenen der Weltbank übereinstimmend) einschliesslich Voraussagen für die nachfolgenden sieben Jahren.
- Das Thema Klimawandel und dessen Folgen für die Weltgemeinschaft wird ausführlich in den Berichten des letzten Intergovernmental Panels on Climate Change (IPCC) analysiert [5–7]. Ebenso die notwendigen globalen Maßnahmen für den Klimaschutz. Zu den Argumenten für eine Verschärfung des Klimaziels, d. h., um wenn möglich die 1,5-Grad- Grenze anzupeilen, sei auf [8] sowie auf das Klima-Abkommen von Paris hingewiesen.
- Die allgemeinen und für das vertiefte Verständnis der energiewirtschaftlichen Aspekte notwendigen Grundlagen, und dies aus der weltweiten Perspektive, sind auch in [12] und die notwendigen Bedingungen für die Einhaltung der Klimaziele in Kap. 1 gegeben (s. dazu auch [11]). Allgemeine Unterlagen zur elektrischen Energiever-sorgung findet man in [10].

Teil I

Europa und Eurasien

2.1 Einführung

In **Kap. 2** wird für den **eurasischen Kontinent** die Entwicklung aller maßgebenden Größen, wie Bevölkerung, Bruttoinlandsprodukt, detaillierter Energieverbrauch und CO_2-Emissionen bis 2017 analysiert. Der Kontinent wird entsprechend dem gegenwärtigen Entwicklungsstand in drei Regionen unterteilt, nämlich **Westeuropa, Osteuropa und Eurasien.**

Darauf basierend werden in Kap. 3 Szenarien für die künftige Evolution bis 2030 und 2050, welche die Klimaziele respektiert, empfohlen. Zum Beispiel für Westeuropa sind die CO_2 Emissionen insgesamt für das 2-Grad- bzw. 1,5-Grad-Ziel bis 2030 um rund 25 % bzw. 45 % und bis 2050 um 60 % bzw. 90 % zu reduzieren.

2.2 Bevölkerung und Bruttoinlandsprodukt

Geographisch umfassen die drei Regionen des eurasischen Kontinents:

- **Westeuropa:** EU-14 + Vereinigtes Königreich (falls Brexit), Island, Norwegen, Schweiz, Gibraltar.
- **Osteuropa:** EU-13 + Türkei + restliche Balkanländer: Albanien, Bosnien-Herzegowina, Kosovo, Montenegro, Nord-Mazedonien, Serbien.
- **Eurasien:** Russland, Ukraine, Weißrussland, Moldawien, Aserbaidschan, Georgien, Kasachstan, Kirgistan, Tadschikistan, Turkmenistan, Usbekistan.

Westeuropa weist 2017 mit 422 Mio. Einwohner (Abb. 2.1) ein Bruttoinlandsprodukt bei Kaufkraftparität BIP (KKP) von 16.870 Mrd. $ auf ($ von 2010 = 0,90 * $ von 2005 = 1,09 * $ von 2015). Die fünf Länder mit dem größten BIP, nämlich Deutschland,

© Springer Fachmedien Wiesbaden GmbH, ein Teil von Springer Nature 2020
V. Crastan, *Klimawirksame Kennzahlen Band I,*
https://doi.org/10.1007/978-3-658-30335-8_2

Abb. 2.1 Prozentuale
Aufteilung der
Bevölkerung Westeuropas
(Wohnbevölkerung)

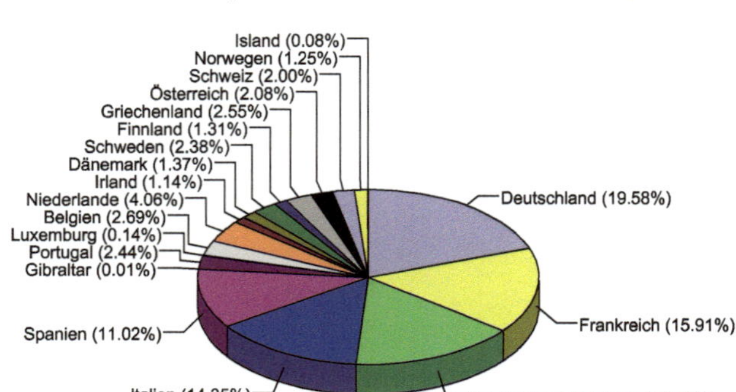

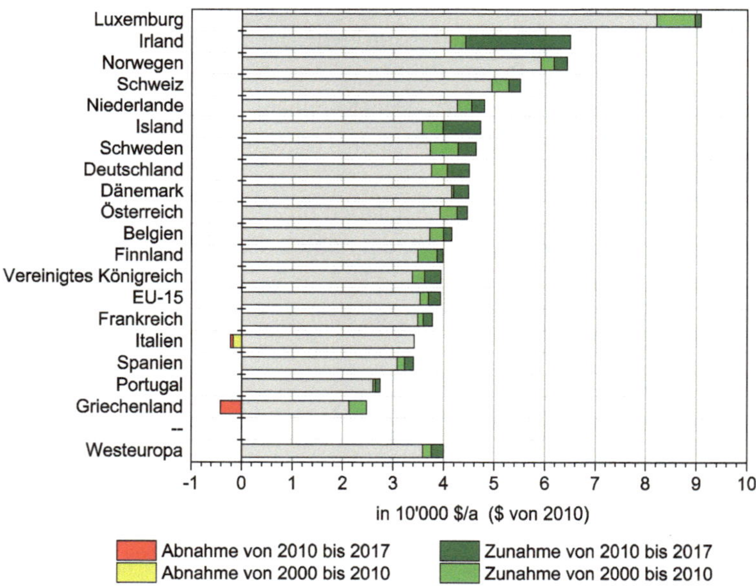

Abb. 2.2 BIP (KKP) pro Kopf der Länder Westeuropas in 2015 und Änderungen von 2000 bis
2010 und von 2010 bis 2017

Frankreich, das Vereinigte Königreich, Italien und Spanien, erbringen zusammen mit
77 % der Bevölkerung 74 % des BIP. Das **BIP (KKP) pro Kopf** der Länder Westeuropas
und seine Änderung von 2000 bis 2017 zeigt Abb. 2.2. Der Mittelwert beträgt rund
40.000 $/a, ist im weltweiten Vergleich sehr hoch, hat aber seit 2000 nur um rund 12 %
zugenommen. Der extrem hohe Wert von Luxemburg (> 90.000 $/a) ist mit dem starken
Anteil an Grenzgängern (die nicht zur Wohnbevölkerung gehören aber zum BIP erheblich beitragen) zu erklären.

Osteuropa weist insgesamt in 2017 eine Bevölkerung von 203 Mio. (Abb. 2.3) und ein BIP (KKP) von 4860 Mrd. $ auf ($ von 2010). Die drei bevölkerungsreichsten Länder: Polen, Rumänien und die Türkei, weisen zusammen 68 % der Bevölkerung Osteuropas auf. Am BIP (KKP) sind sie mit 69 % beteiligt. Die Verteilung des **Pro-Kopf-BIP** der Länder Osteuropas ist in Abb. 2.4 gegeben. Der Mittelwert beträgt rund 24.000 $/a, also etwas mehr als die Hälfte von jenem Westeuropas, hat aber seit 2000 um 78 % zugenommen.

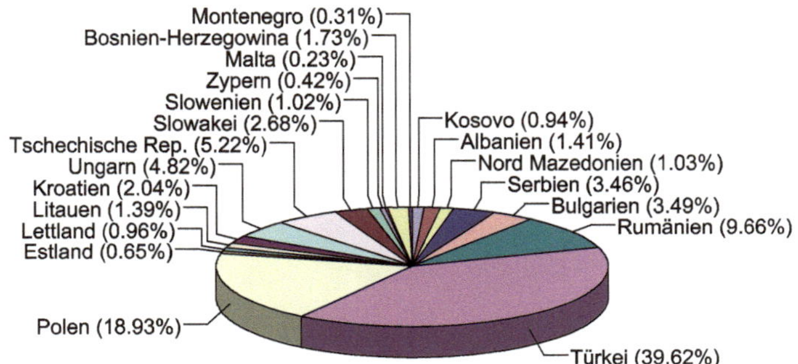

Abb. 2.3 Prozentuale Aufteilung der Bevölkerung Osteuropas in 2017

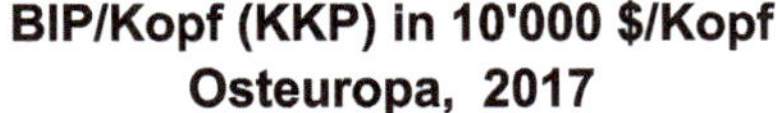

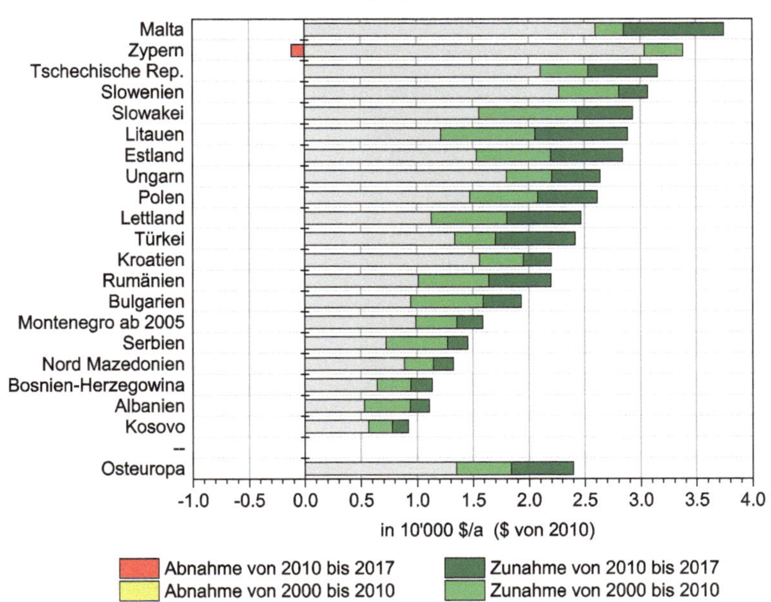

Abb. 2.4 BIP (KKP) pro Kopf der Länder Osteuropas in 2015 und Änderungen von 2000 bis 2010 und von 2010 bis 2017

Schließlich zeigt die Abb. 2.5 die Bevölkerungsstruktur **Eurasiens** mit insgesamt 290 Mio. Einwohnern (Russland dominiert mit 50 %) und Abb. 2.6 das BIP pro Kopf der einzelnen Länder dieser Region. Das BIP (KKP) ist insgesamt 5100 Mrd $ (von 2010) und dessen Mittelwert pro Kopf beträgt 17.600 $/a; er hat sich seit 2000 um 83 % erhöht und sich somit jenem Osteuropas leicht angenähert. Innerhalb der Region bestehen weiterhin große Unterschiede.

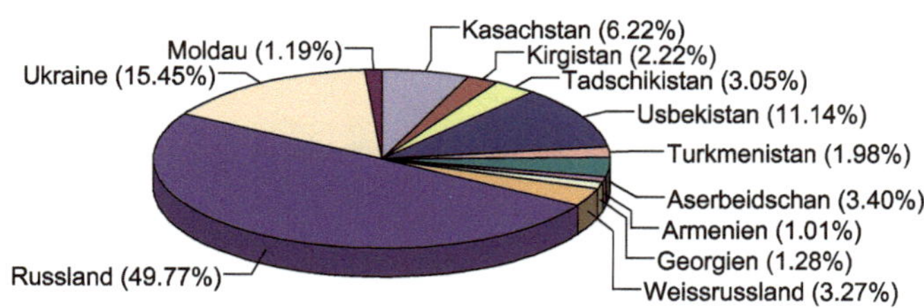

Abb. 2.5 Prozentuale Aufteilung der Bevölkerung Eurasiens in 2017

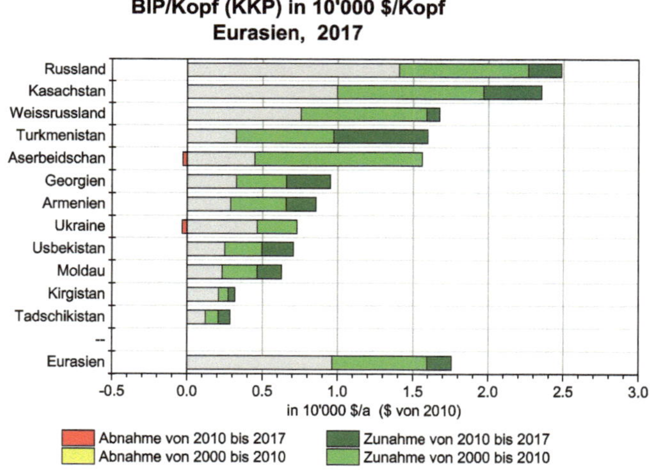

Abb. 2.6 BIP (KKP) pro Kopf der Länder Eurasiens in 2017 und Änderungen von 2000 bis 2010 und von 2010 bis 2017

2.3 Bruttoenergie, Endenergie, Verluste des Energiesektors und entsprechende CO_2-Emissionen

Die **Endenergie** (100 % in Abb. 2.7) setzt sich zusammen aus 4 Endenergien, nämlich „**Wärme**" (aus Brennstoffen, ohne Elektrizität und Fernwärme, s. dazu auch die Bemerkungen in Abschn. 2.4), **Treibstoffe, Elektrizität** (alle Anwendungen) und **Fernwärme. Bruttoenergie** ist die Summe der vier Endenergien und aller im **Energiesektor** entstehenden Verluste. Der Energiesektor dient der Umwandlung von Bruttoenergie in Endenergie, wobei die Verluste in der Regel vorwiegend aus der Elektrizitätserzeugung stammen.

Die Energiestruktur ist in den drei Regionen, was die Anteile der drei **Verbrauchssektoren** betrifft (Industrie, Verkehr, Haushalte etc.), ähnlich; in Osteuropa und noch ausgeprägter in Eurasien ist der Verkehrsanteil etwas kleiner. Was die Anteile der **Endenergien** betrifft ist zu vermerken, dass der Elektrifizierungsgrad in Westeuropa am stärksten ist und die Fernwärme einzig in Eurasien (vor allem in Russland) ein erhebliches Gewicht aufweist (Abb. 2.7).

Im **Wärmebereich** werden in Westeuropa vor allem Erdgas und Erdöl verwendet, während in Eurasien und in Osteuropa (neben Biomasse) die Kohle immer noch grosse Anteile aufweist.

Unterschiede sind vor allem im **Energiesektor** (s. Verluste) festzustellen: hohe Erdgas-Anteile zur Elektrizitäts- und Fernwärmeerzeugung in Eurasien, hohe Kohle-Anteile in Osteuropa. Kernenergie wird überall eingesetzt, aber vorwiegend in Westeuropa (vor allem in Frankreich).

Die **Verluste des Energiesektors** sind in Abb. 2.7 in % der Endenergie gegeben. In % der eingesetzten Bruttoenergie betragen sie:
in Westeuropa 30 %, in Osteuropa 32 %, in Eurasien 39 %.

Die **Elektrizitätsproduktion** der drei Regionen ist in Abb. 2.8 detailliert veranschaulicht.

Die erneuerbaren Energien (Wasserkraft, Windenergie, Photovoltaik, Biomasse, Abfälle, Geothermie) bzw. die CO_2-armen Energien (erneuerbare Energien + Kernenergie) tragen zur Elektrizitätsproduktion gemäß Tab. 2.1 bei (s. für Details auch Tab. 2.2).

Die Schweiz, Österreich, Deutschland, Frankreich, Italien, Spanien, das Vereinigte Königreich sowie Polen, die Türkei und Russland sind detailliert im Kap. 4 dargestellt.

Aus der Energiestruktur ergeben sich die in Abb. 2.9 dargestellten CO_2-**Emissionen** in 2017: Gesamtwert **in Megatonnen (Mt),** Gesamtwert in **Gramm pro \$ BIP KKP** sowie Gesamtwert und detaillierte Verteilung in **Tonnen/Kopf** für die einzelnen Verbrauchssektoren.

In der Industrie und im Haushalt-/Dienstleitungs-/Landwirtschaftssektor werden die Emissionen im Wesentlichen durch den mit fossilen Energien gedeckten Elektrizitäts- und Wärmebedarf bestimmt, im Verkehrsbereich durch die Treibstoffe.

Die Emissionen, die durch die Verluste im Energiesektor entstehen, sind in erster Linie der Elektrizitätsproduktion und (vor allem in Eurasien) auch der

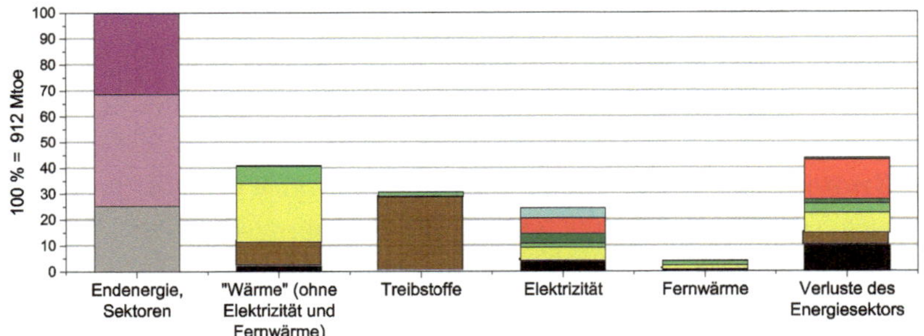

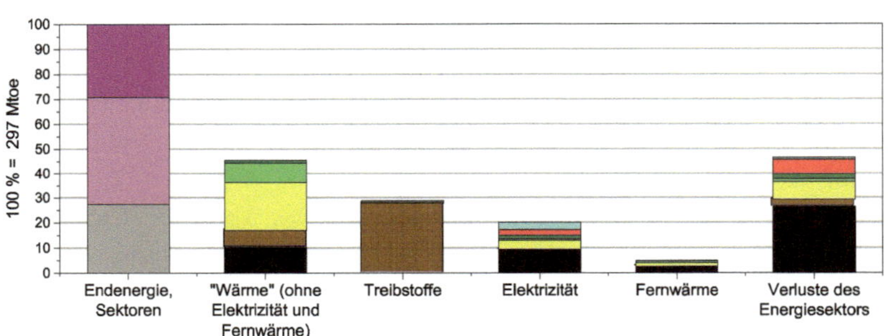

Abb. 2.7 Bruttoenergie (= Endenergie + Verluste des Energiesektors) der drei Regionen in 2017. Endenergie besteht aus Wärme (ohne Elektrizität und Fernwärme), Treibstoffe, Elektrizität und Fernwärme

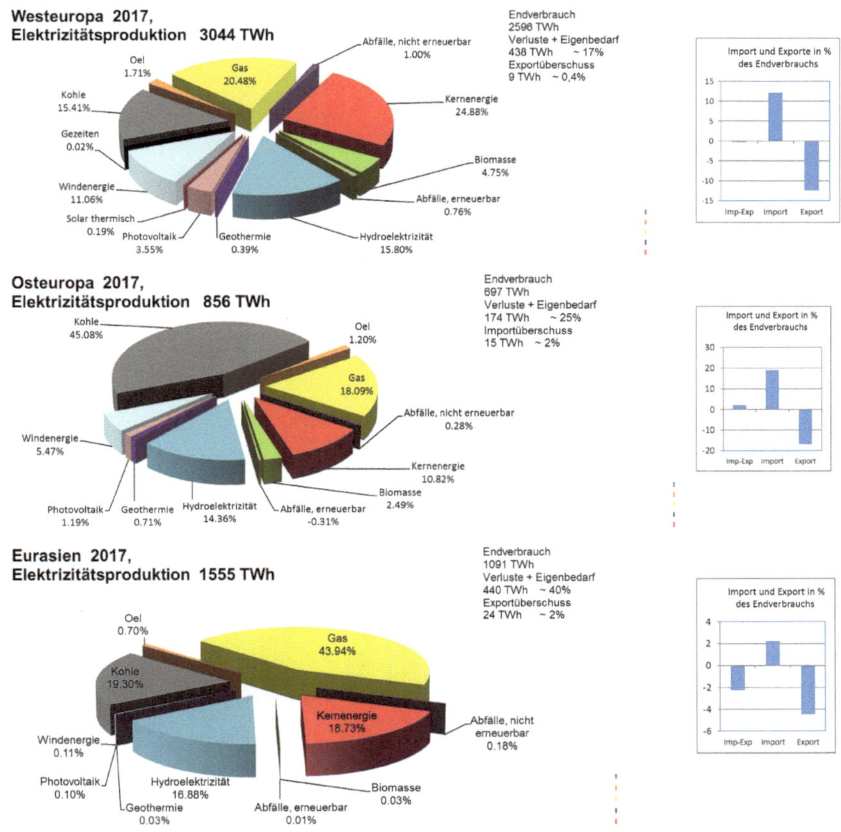

Abb. 2.8 Elektrizitätsproduktion Europas und Eurasiens in 2017 und entsprechende Energieträgeranteile

Tab. 2.1 Anteil erneuerbare Energien und CO_2-arme Energien

	Erneuerbare Energien (%)	CO_2-arme Energien (%)
Westeuropa	37	61
Osteuropa	24	35
Eurasien	17	36

Fernwärmeproduktion zuzuschreiben. Der Kohleanteil ist im Energiesektor überall noch zu stark, vor allem in Osteuropa. In Westeuropa hat er sich seit 2015 zugunsten des Gases etwas reduziert.

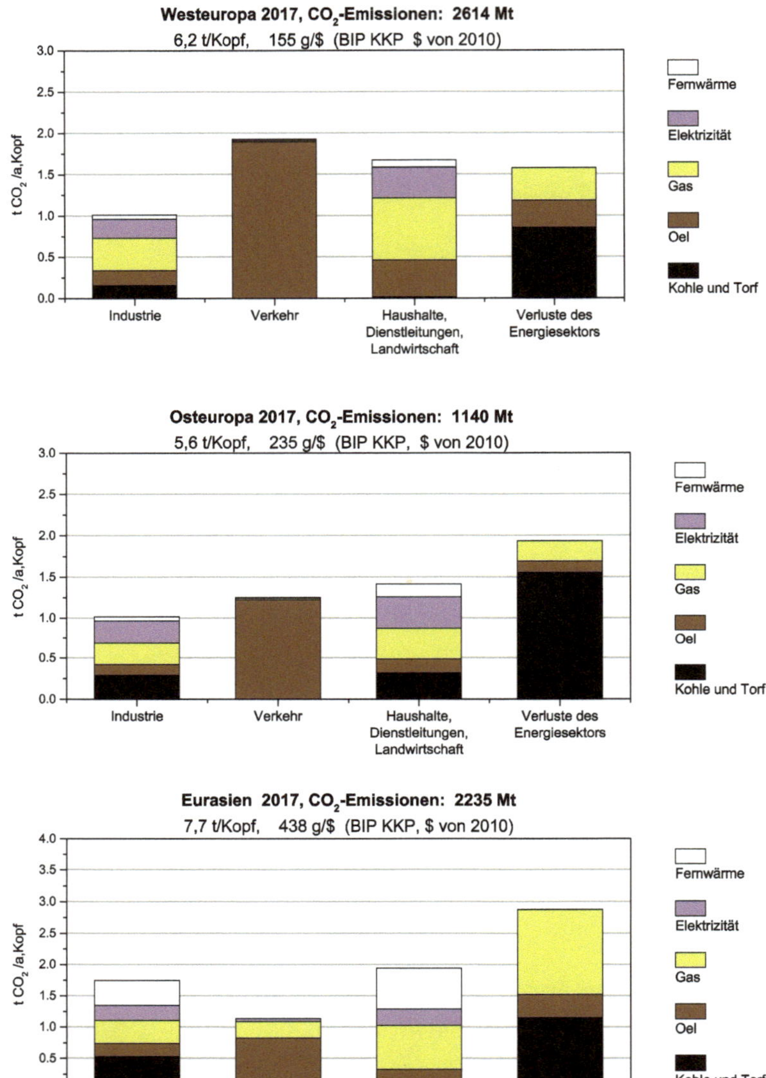

Abb. 2.9 CO_2-Ausstoss der drei Regionen nach Verbrauchssektor und Energieträger

Tab. 2.2 Prozentualer Anteil der erneuerbaren und CO_2-armen Elektrizitätsproduktion (erneuerbar + Kernenergie), im Jahr 2017, in den bevölkerungsreichsten und somit gewichtigsten Ländern des eurasischen Kontinents (zusammen 64 % der Bevölkerung und 68 % des BIP des Kontinents):

	Erneuerbare Energien (%)	CO_2-arme Energien (%)
Deutschland	34	46
Frankreich	17	88
Vereinigtes Königreich	30	51
Italien	36	36
Spanien	33	54
Polen	14	14
Türkei	29	29
Russland	17	36

2.4 Energieflüsse im Jahr 2017

2.4.1 Energiefluss im Energiesektor

Die entsprechenden Abbildungen, z. B. Abb. 2.10, beschreiben den Energiefluss im Energiesektor von der Primärenergie über die Bruttoenergie (oder Bruttoinlandsverbrauch) zur Endenergie. Primärenergie und Bruttoenergie werden durch die verwendeten **Energieträger** veranschaulicht. Alle Energien werden in Mtoe (Megatonnen Öl-Äquivalente, 1 Mtoe = 11,6 TWh) angegeben.

Die **Primärenergie** ist die Summe aus einheimischer Produktion und, für Regionen, Netto-Importe abzüglich Netto-Exporte von Energieträgern (für Länder effektive Importe/Exporte statt nur Netto-Importe/Exporte pro Energieträger).

Die **Bruttoenergie** ergibt sich aus der Primärenergie nach Abzug des nichtenergetischen Bedarfs (z. B. für die chemische Industrie) und eventueller Lagerveränderungen. Abgezogen werden auch die für die internationalen Schiff- und Luftfahrt-Bunker benötigten Energiemengen. Die entsprechenden CO_2-Emissionen werden nur weltweit erfasst.

Es ist die Aufgabe des **Energiesektors** den Verbrauchern Energie in Form von **Endenergie** zur Verfügung zu stellen. Wir unterscheiden in den erwähnten Abbildungen 4 Formen von Endenergie: **Elektrizität, Fernwärme, Treibstoffe** und **„Wärme".** Letztere besteht hauptsächlich aus nichtelektrischer Heizungs- und Prozesswärme (aus fossilen oder erneuerbaren Energien) und ohne Fernwärme. Stationäre Arbeit nichtelektrischen Ursprungs kann ebenfalls enthalten sein (z. B. stationäre Gas-, Benzin- oder Dieselmotoren sowie Pumpen); zumindest in Industrieländern ist dieser Anteil jedoch minimal. Mit der Umwandlung von Bruttoenergie in Endenergie sind Verluste verbunden, die wir gesamthaft als **Verluste des Energiesektors** bezeichnen. Diese Verluste setzen sich zusammen aus den **thermischen Verlusten** in Kraftwerken (thermodynamisch bedingt) sowie in Wärme-Kraft-Kopplungsanlagen und in Heizwerken, ferner aus den **elektrischen Verlusten** im Transport- und Verteilungsnetz, einschliesslich elektrischer Eigenbedarf des Energiesektors, und schliesslich aus den **Restverlusten** des Energiesektors (in Raffinerien, in Verflüssigungs- und Vergasungsanlagen, in Fernwärmenetzen, durch Wärmeübertragung, Wärme-Eigenbedarf usw.).

Das Schema zeigt ferner die mit den Verlusten des Energiesektors und dem Verbrauch der Endenergien verbundenen, also vom Bruttoinlandsverbrauch verursachten, **CO_2-Emissionen in Mt.** Der grösste Teil der Verluste des Energiesektors ist in der Regel mit der Elektrizitäts- und Fernwärmeproduktion gekoppelt, weshalb die CO_2-Emissionen dieser drei Faktoren zusammengefasst werden. Eine Trennung kann mithilfe der nachfolgenden Diagramme oder auch von Abb. 2.9 vorgenommen werden.

2.4.2 Energiefluss der Endenergie zu den Endverbrauchern

Die Abbildungen, z. B. Abb. 2.11, zeigen wie sich die 4 Endenergiearten auf die drei Endverbraucherkategorien verteilen. Ebenso werden die CO_2-Emissionen diesen Verbrauchergruppen zugeordnet.

Die Endverbraucher sind (gemäss IEA-Statistik):

- Industrie
- Haushalt, Dienstleistungen, Landwirtschaft etc.
- Verkehr

Zur Bildung der Gesamt-Emissionen sind noch die CO_2-Emissionen des Energiesektors, d. h. der im Energiesektor entstehenden Verluste, hinzuzufügen.

2.4.3 Westeuropa

Der Energiefluss im Energiesektor von der Primärenergie zur Endenergie und die sich ergebenden totalen CO_2-Emissionen sind in Abb. 2.10 für Westeuropa dargestellt. In Abb. 2.11 wird der Energiefluss der Endenergie zu den Endverbrauchern veranschaulicht und die entsprechenden CO_2-Emissionen sind den Verbrauchersektoren zugeordnet. Gegenüber 2015 [1] sind die Emissionen insgesamt leicht zurückgegangen, was dem Energiesektor zu verdanken ist, obwohl sie im Wärme- und Verkehrssektor zugenommen haben. Die Schweiz, Österreich und Deutschland, sowie Frankreich, Italien, Spanien und das Vereinigte Königreich werden detailliert in Kap. 4 (Abschn. 4.1 und 4.2) analysiert.

2.4.4 Osteuropa

Die entsprechenden Diagramme für Osteuropa, für den Energiefluss im Energiesektor und der Endenergie zu den Verbrauchssektoren, werden in den Abb. 2.12 und 2.13

dargestellt. Die CO_2-Emissionen haben seit 2015 [1] in allen Sektoren zugenommen. Eine Trendwende ist notwendig. Für die Türkei und Polen siehe Kap. 4 (Abschn. 4.3).

2.4.5 Eurasien

Dasselbe gilt auch für die in den Abb. 2.14 und 2.15 dargestellten Diagramme der Energieflüsse Eurasiens. Für Russland s. Kap. 4 (Abschn. 4.3).

2.4.6 Europa und Eurasien insgesamt

Die Abb. 2.16 und 2.17 erhält man durch Aufsummierung der Energieflüsse der drei Regionen. West- und Osteuropa sind auf Energieträgerimporte angewiesen. Zusammen sind aber Europa und Eurasien energetisch weitgehend autonom, eine Zusammenarbeit ist somit naheliegend.

Ein Vergleich der Indikatoren ist in Tab. 2.3 gegeben (Bezugsgrösse ist die Bruttoenergie).

kWh/\$ =	Energieintensität
g CO_2/kWh =	CO_2-Intensität der Energie
g CO_2/\$ =	Maßstab für die Nachhaltigkeit der Wirtschaft bezüglich CO_2-Emissionen (kurz: Indikator der CO_2-Nachhaltigkeit)

Der **Indikator g CO_2/\$** berücksichtigt die Tatsache, dass die CO_2-Emissonen bei zunehmender Entwicklung der Wirtschaft und entsprechend steigendem Energiebedarf zunächst ebenfalls steigen. Eine Entkopplung wird im Rahmen des Fortschritts zu einer nachhaltigen Wirtschaft angestrebt.

Der Indikator ergibt sich als Produkt von Energieintensität (abhängig von der Energieeffizienz der Wirtschaft) und CO_2-Intensität der Energie. Die Werte der näher behandelten Länder sind in Tab. 2.4 zusammengefasst (Wirkung des Elektrizitätsaustauschs wird nicht berücksichtigt).

Wie die Überlegungen in Kap. 3 zeigen, muss dieser Indikator langfristig, d. h. bis 2050, zur Erreichung der Klimaziele, 100 g CO_2/\$ deutlich unterschreiten. Dies durch Verbesserung der Energieeffizienz und den Ersatz fossiler durch CO_2-arme Energien. Westeuropa ist gut unterwegs. Osteuropa und Eurasien müssen sich wesentlich stärker anstrengen.

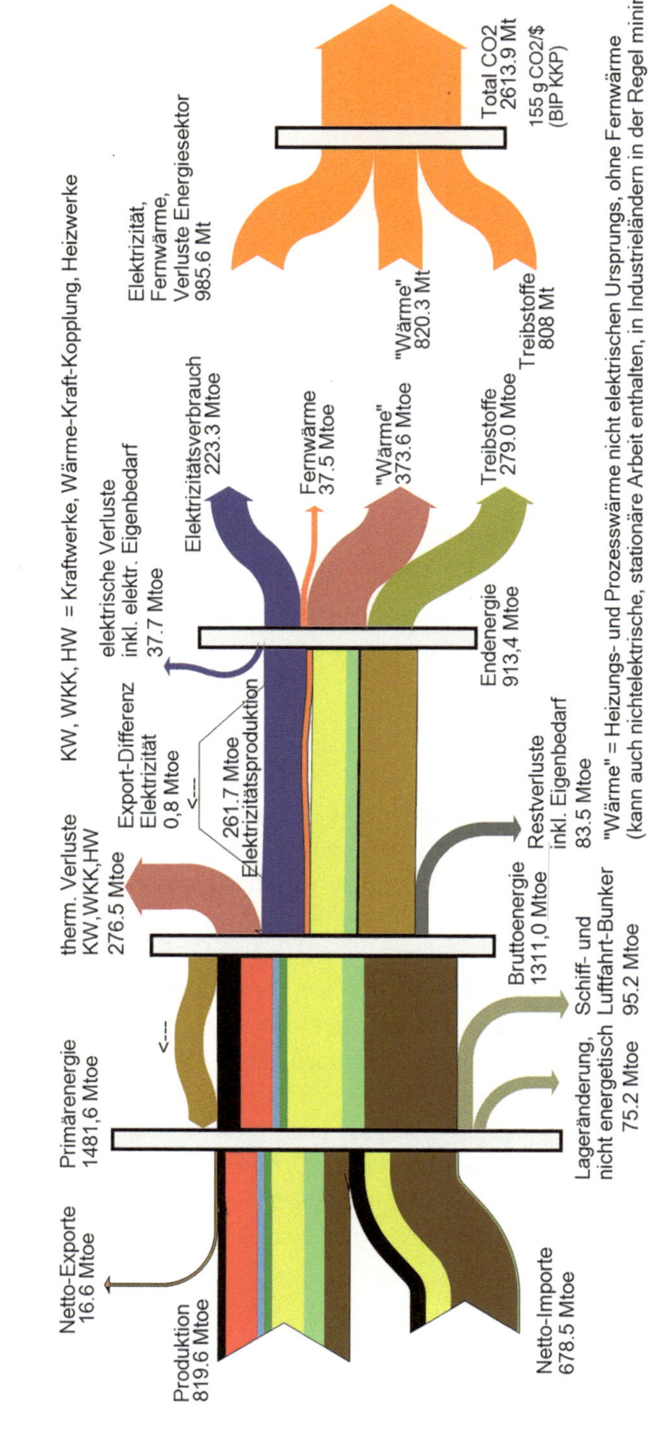

Abb. 2.10 Westeuropa: Energiefluss im Energiesektor von der Primärenergie zur Endenergie und CO_2-Ausstoss. Die Energieträgerfarben sind wie in Abb. 2.7 und 2.9 (aber Erdöl dunkelbraun, Erdölprodukte hellbraun)

"Wärme" = Heizungs- und Prozesswärme nicht elektrischen Ursprungs, ohne Fernwärme (kann auch nichtelektrische, stationäre Arbeit enthalten, in Industrieländern in der Regel minim).

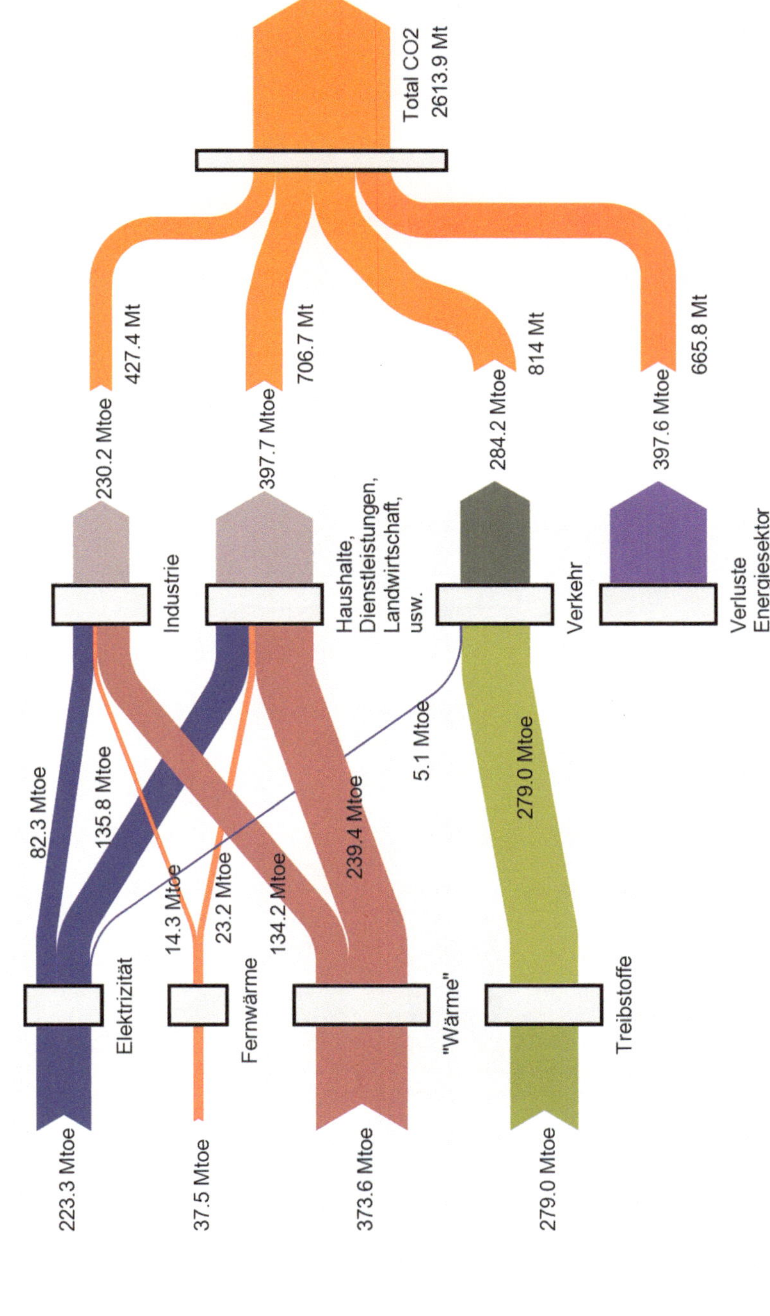

Abb. 2.11 Westeuropa: Energiefluss der Endenergie zu den Endverbrauchern und zugeordnete CO_2-Emissionen

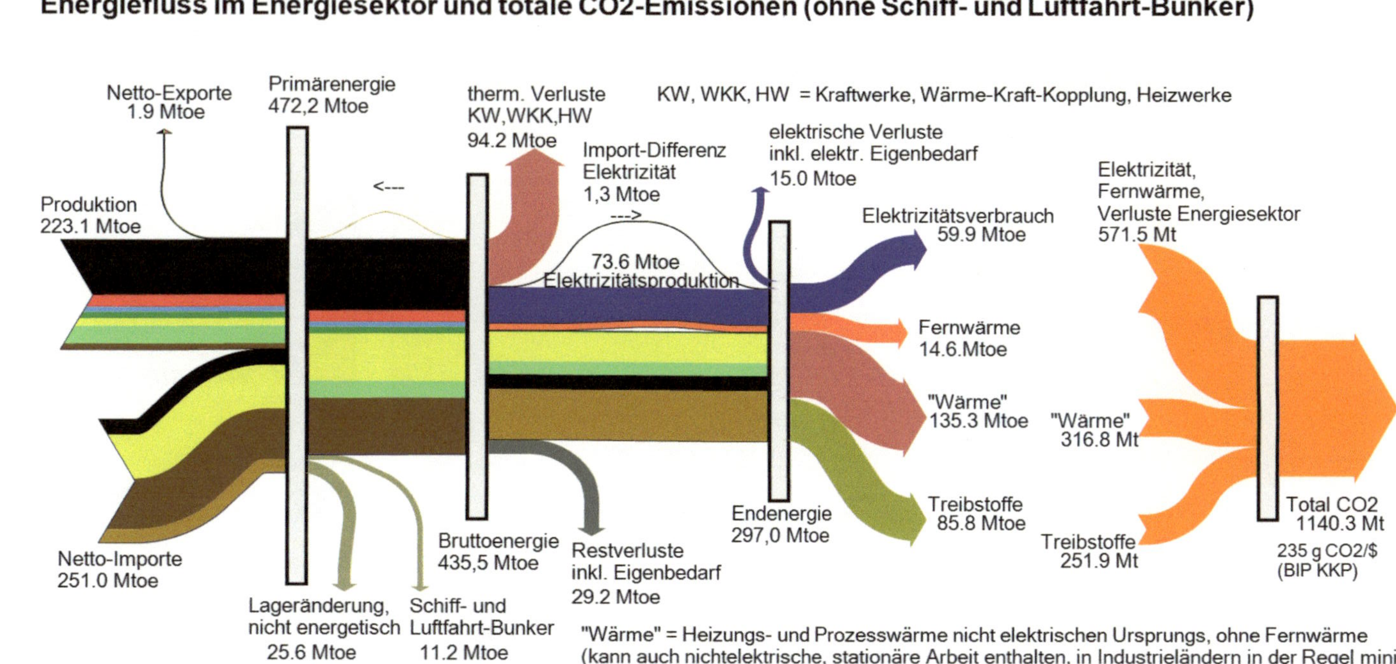

Abb. 2.12 Osteuropa: Energiefluss im Energiesektor von der Primärenergie zur Endenergie und CO_2-Ausstoss. Die Energieträgerfarben sind wie in Abb. 2.7 und 2.9 (aber Erdöl dunkelbraun, Erdölprodukte hellbraun)

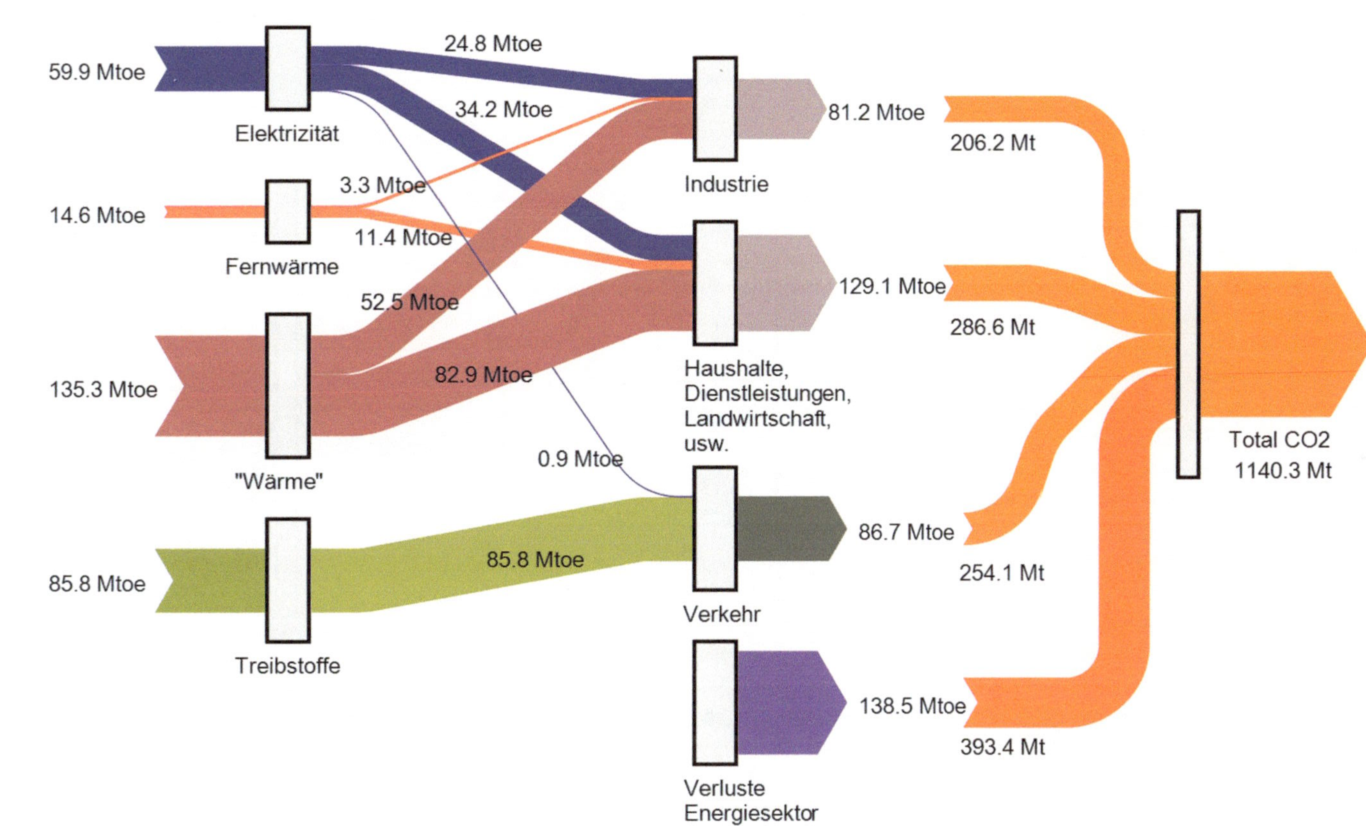

Abb. 2.13 Osteuropa: Energiefluss der Endenergie zu den Endverbrauchern und zugeordnete CO_2-Emissionen

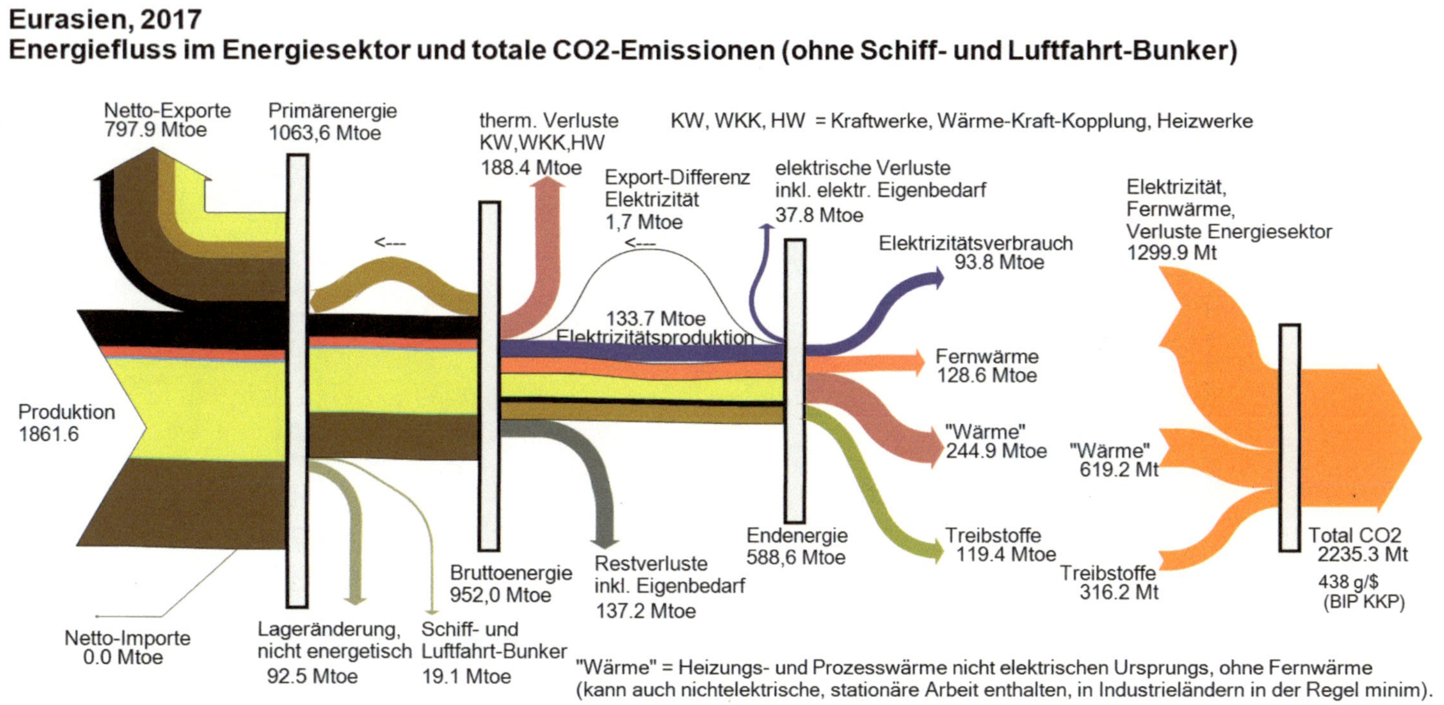

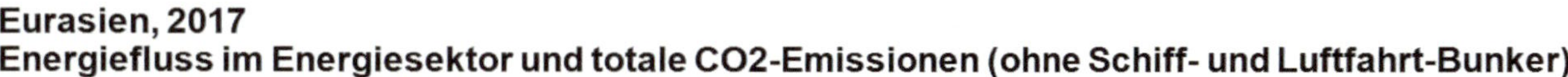

Abb. 2.14 Eurasien: Energiefluss im Energiesektor von der Primärenergie zur Endenergie und CO_2-Ausstoss. Die Energieträgerfarben sind wie in Abb. 2.7 und 2.9 (aber Erdöl dunkelbraun, Erdölprodukte hellbraun)

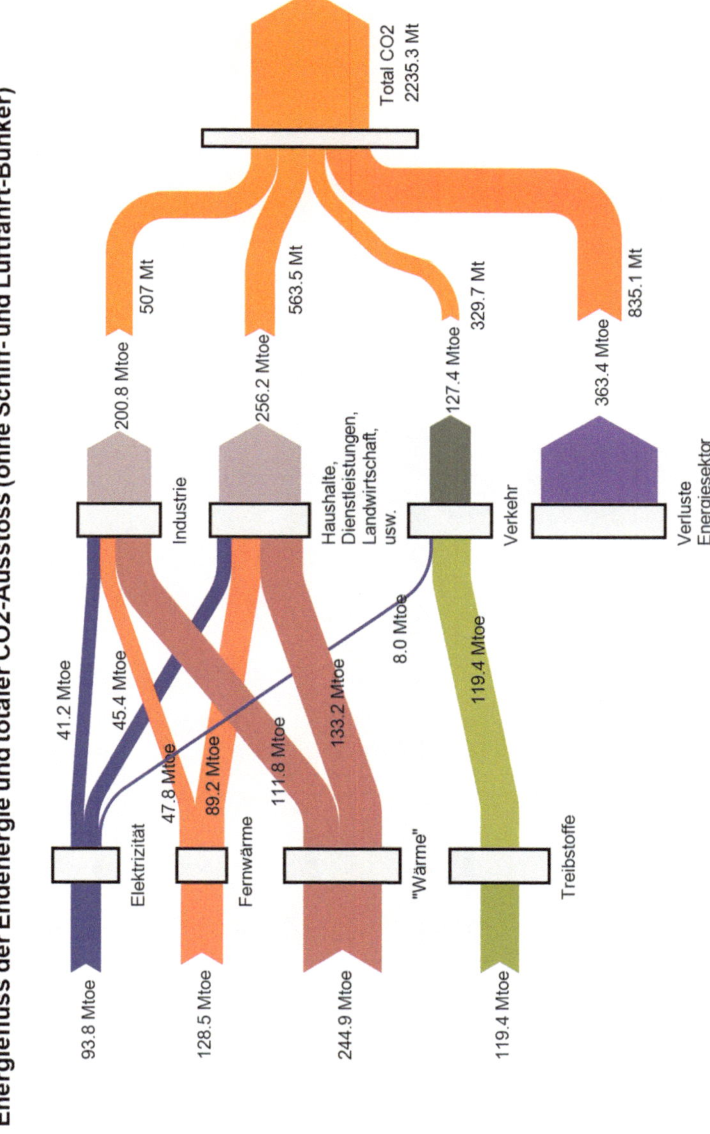

Abb. 2.15   Eurasien: Energiefluss der Endenergie zu den Endverbrauchern und zugeordnete CO_2-Emissionen

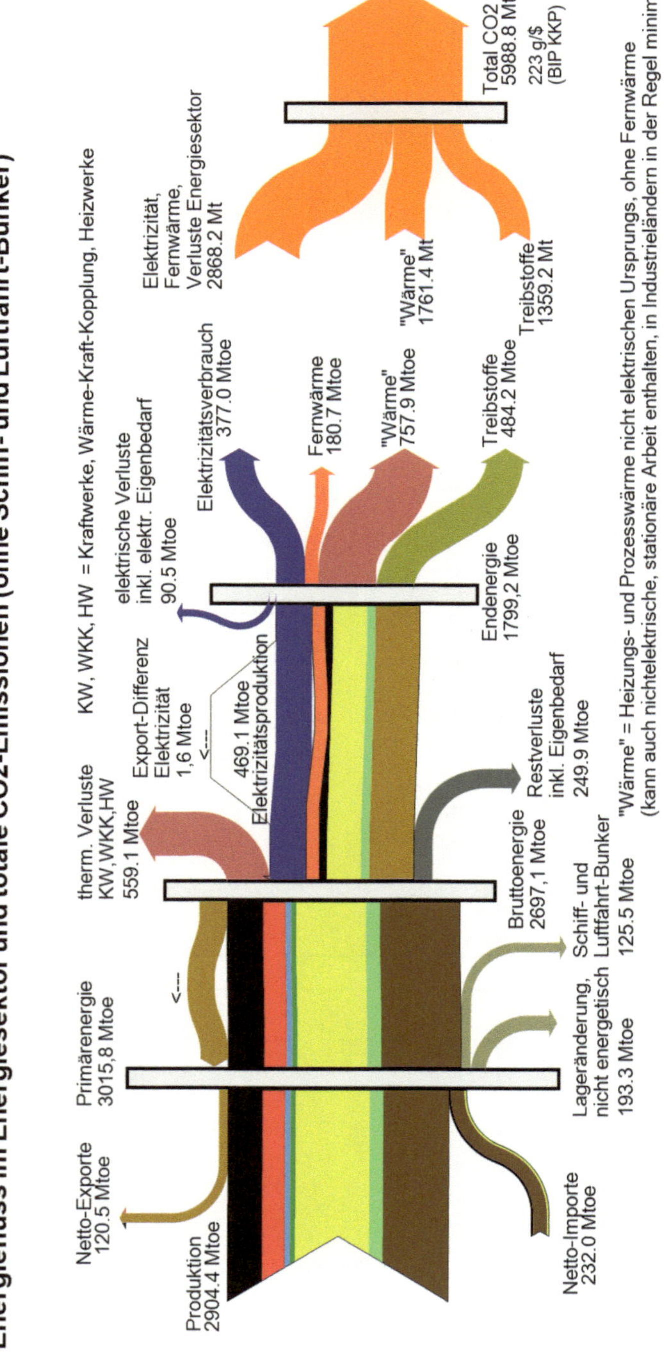

Abb. 2.16 Europa + Eurasien: Energiefluss im Energiesektor von der Primärenergie zur Endenergie und CO_2-Ausstoss. Die Energieträgerfarben sind wie in Abb. 2.7 und 2.9 (Erdöl dunkelbraun, Erdölprodukte hellbraun)

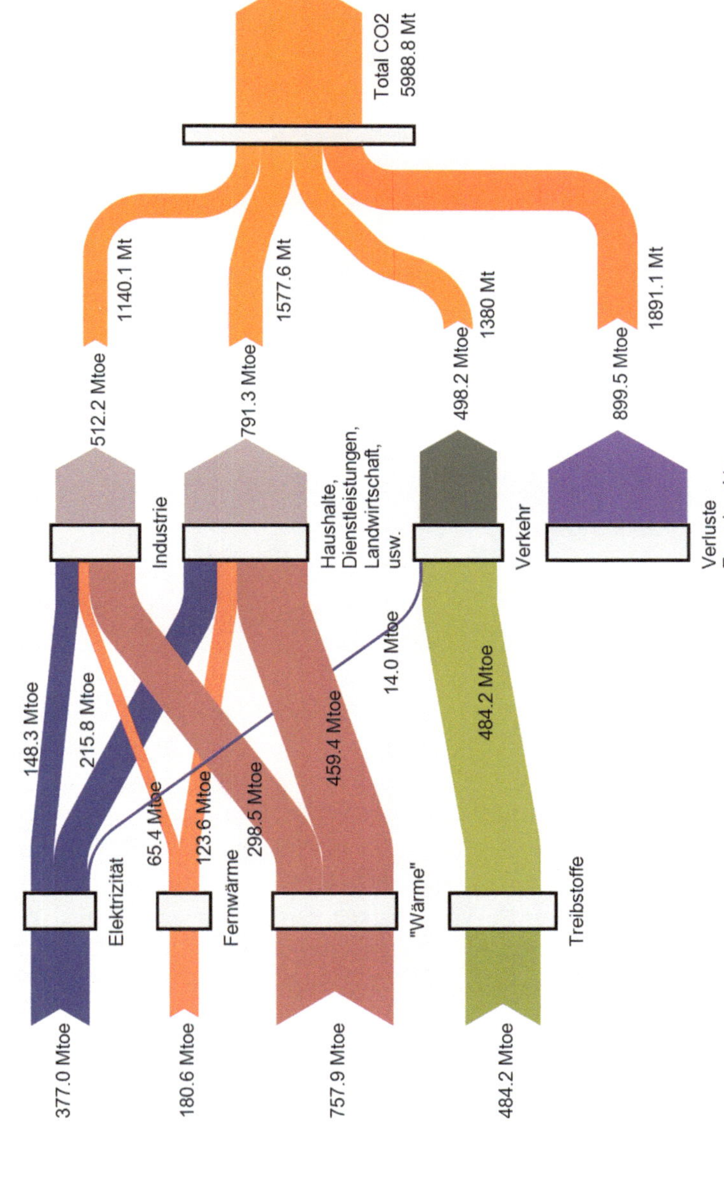

Abb. 2.17 Europa + Eurasien: Energiefluss der Endenergie zu den Endverbrauchern und zugeordnete CO_2-Emissionen

Tab. 2.3 Vergleich der Indikatoren in 2017 (US$ von 2010)

	Westeuropa	Osteuropa	Eurasien	Eurasischer Kontinent
kWh/$	0,90	1,04	2,16	1,17
g CO_2/kWh	172	225	202	191
g CO_2/$	155	235	438	223
BIP (KKP) $ pro Kopf	40.000	24.000	17.600	29.300
t CO_2 /Kopf	6,2	5,6	7,7	6,5

Tab. 2.4 Werte 2017 in Ländern von Europa und Eurasien (geordnet nach Nachhaltigkeit)

	g CO_2/$ (BIP KKP)
Schweiz	80
Frankreich	121
Vereinigtes Königreich	138
Italien	156
Spanien	160
Österreich	165
Deutschland	193
Türkei	195
Polen	305
Russland	428

2.5 Energieintensität

Abb. 2.18 zeigt die Energieintensität der Länder **Westeuropas** in 2017. Der mittlere Wert von 0,9 kWh/$ ($ von 2010) ist der **weltweit niedrigste.** Seit 2000 ist die Energieintensität um 0,25 kWh/$ gesunken. Der sehr hohe Wert von Island ist z. T. klimatisch bedingt, beruht aber auf die große Verfügbarkeit der CO_2-freien Energien Wasserkraft und Geothermie und ist somit bezüglich Klimaerwärmung eher belanglos. Eine niedrige Energieintensität kann ein Zeichen guter Energieeffizienz sein, aber auch von Wirtschaftszweigen mit geringem Energiebedarf.

Um die Klimaschutzziele zu erfüllen (2-Grad- bzw. 1,5-Grad-Ziel), wäre für Westeuropa bis 2030 ein mittlerer Wert von etwa 0,72 bzw. 0,6 kWh/$ anzustreben und bis 2050 ca. 0,53 bzw. 0,43 kWh/$ (s. dazu Abschn. 3.1).

Die Energieintensität von **Osteuropa** ist etwas höher, nämlich 1,04 kWh/$, was sich aber im weltweiten Vergleich (weltweiter Durchschnitt 1,38 kWh/$) noch sehen lassen kann. Die Verteilung auf die Länder der Region ist in Abb. 2.19 dargestellt. Als vergleichbar mit Westeuropa ist der Wert der Türkei zu erwähnen, mit 0,85 kWh/$. Von

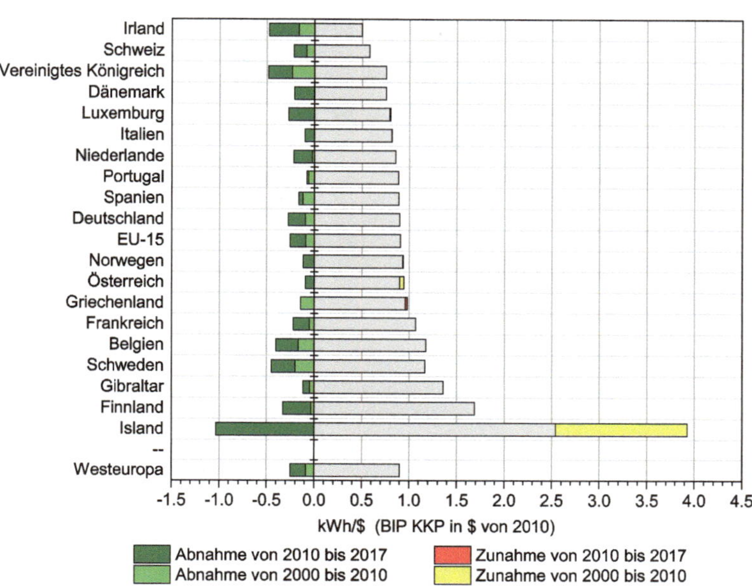

Abb. 2.18 Energieintensität der Länder Westeuropas in 2017 und Änderungen seit 2000

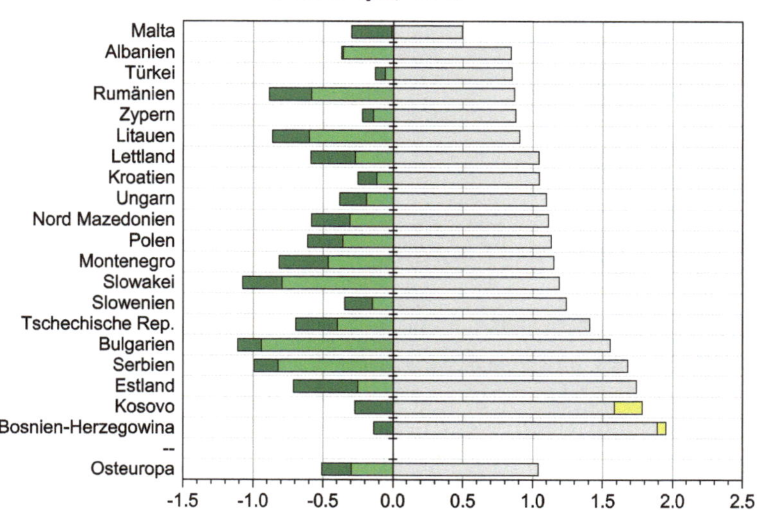

Abb. 2.19 Energieintensität der Länder von Osteuropa in 2017 und Änderungen seit 2000

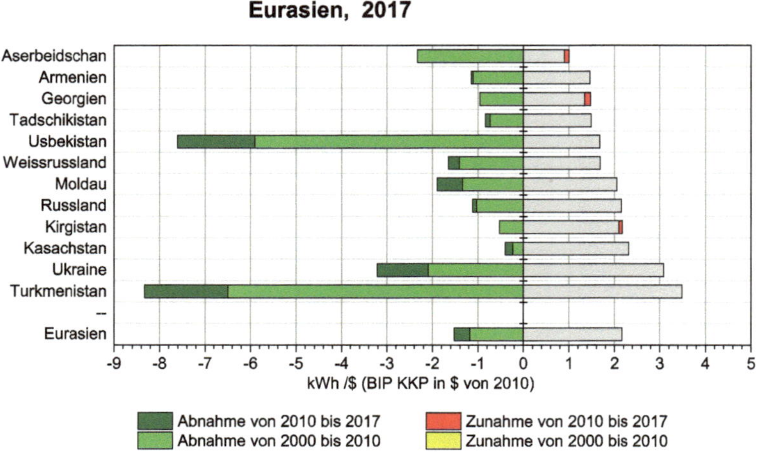

Abb. 2.20 Energieintensität der Länder Eurasiens in 2017 und Änderungen von 2000 bis 2010 und von 2010 bis 2017

den bevölkerungsreichen Ländern ($\geq$ 10 Mio.) sind nur die Tschechische Republik und leicht auch Polen und Ungarn überdurchschnittlich energieintensiv. Die Fortschritte seit 2000 sind erheblich, im Durchschnitt $-0{,}5$ kWh/$.

Die Energieintensität **Eurasiens** zeigt die Abb. 2.20. Im Durchschnitt ist sie 2,16 kWh/$, also deutlich über dem weltweiten Wert, was auf eine weiterhin schlechte Energieeffizienz der Region hindeutet, dies trotz der erfreulichen starken Verbesserung von 2000 bis 2010 (von $-1{,}52$ kWh/$). Seit 2010 hat die positive Entwicklung eher nachgelassen und ist in einigen Ländern gar rückläufig. Im Hinblick auf die Klimaziele ist eine weitere Verbesserung vonnöten, wobei Russland, die Ukraine und Kasachstan, mit zusammen 85 % des Energieverbrauchs Eurasiens, entscheidend sind.

2.6 CO_2-Intensität der Energie

Die CO_2-Intensität **Westeuropas** liegt in 2017, mit 172 g CO_2/kWh (Abb. 2.21), deutlich unter dem Weltdurchschnitt von 216 g CO_2/kWh. Seit 2000 ist der Wert um 24 g CO_2/kWh reduziert worden. Westeuropa ist somit neben Südamerika bezüglich CO_2-Intensität weltweit führend. Für das 2-Grad-Klimaziel wären bis 2030 etwa 143 kWh/$ anzustreben und für das 1,5-Grad-Klimaziel 122 kWh/$ (s. Abschn. 3.1), was weiterhin starke Anstrengungen voraussetzt. Island und Schweden haben in 2017 bereits das 1,5-Grad-Ziel und Norwegen, Frankreich, Finnland und die Schweiz das 2-Grad-Ziel

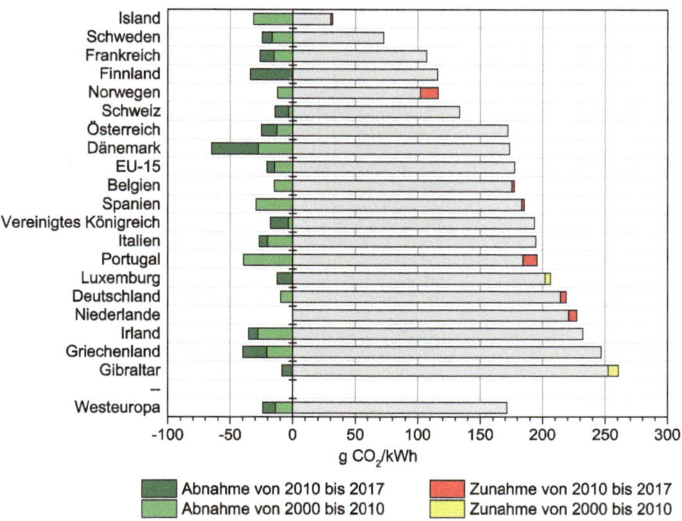

Abb. 2.21 CO$_2$-Intensität der Energie der Länder Westeuropas in 2017 und Änderungen von 2000 bis 2010 und von 2010 bis 2017

unterschritten, vor allem dank dem Einsatz von Geothermie, Wasserkraft und Kernenergie. Unter den bevölkerungsreichen Ländern hat vor allem **Deutschland,** das über 200 g CO$_2$/kWh liegt und magere Fortschritte, seit 2010 gar Rückschritte, aufweist, einen deutlichen Nachholbedarf.

Deutlich weniger nachhaltig ist die Situation **Osteuropas** mit einem Durchschnittswert von 225 g CO$_2$/kWh (Abb. 2.22) und somit über dem Weltdurchschnitt. Der Wert ist seit 2000 lediglich um 20 g CO$_2$/kWh gesunken. Nicht alle Länder haben allerdings dazu beigetragen. Eine Trendwende ist notwendig. Für die erwähnten Klimaziele müsste man bis 2030 versuchen, durch Reduktion des Kohleverbrauchs, mit Ersatz durch Gas und vor allem durch Einsatz erneuerbaren Energien, auf 190 bzw. auf 150 g CO$_2$/kWh zu kommen (s. dazu Abschn. 3.2).

Eurasien weist 2017 mit durchschnittlich 202 g CO$_2$/kWh (Abb. 2.23) eine etwas bessere CO$_2$-Intensität der Energie als Osteuropa auf, was dem stärkeren Einsatz von Gas statt Kohle zur Elektrizitätsproduktion zu verdanken ist (s. Abb. 2.8). Allerdings weist Eurasien insgesamt seit 2000 nur geringe (nur -11 g CO$_2$/kWh) und seit 2010 keine Fortschritte auf. Eine Änderung der mittleren Tendenz durch den Einsatz von CO$_2$-armen Energien ist zur Erreichung der Klimaziele zwingend. Neben Russland müssen alle Länder aber vor allem Kasachstan, die Ukraine und Usbekistan Beiträge leisten.

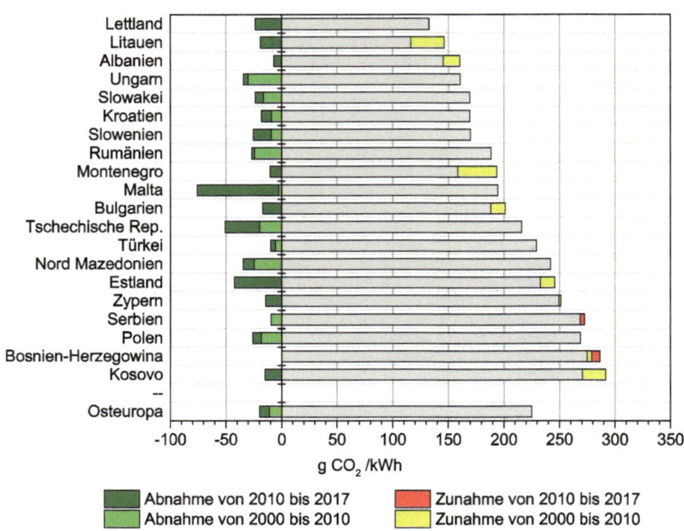

Abb. 2.22 CO_2-Intensität der Energie der Länder Osteuropas in 2017 und Änderungen von 2000 bis 2010 und von 2010 bis 2017

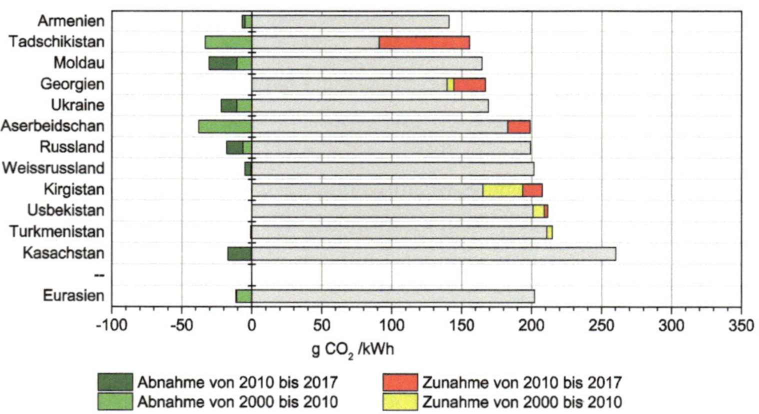

Abb. 2.23 CO_2-Intensität der Energie der Länder Eurasiens in 2017 und Änderungen von 2000 bis 2010 und von 2010 bis 2017

2.7 Indikator der CO$_2$-Nachhaltigkeit

Die Nachhaltigkeit der Energieversorgung bezüglich CO$_2$-Ausstoss wird durch das Produkt von Energieintensität und CO$_2$-Intensität der Energie gut charakterisiert und somit durch den **Indikator g CO$_2$/\$.**

In 2017 ist der Durchschnittswert **Westeuropas** mit 155 g CO$_2$/\$ (BIP KKP, \$ von 2010) wesentlich niedriger als der Weltdurchschnitt von knapp 300 g CO$_2$/\$. Seit 2000 beträgt die Reduktion rund 70 g CO$_2$/\$. Für 2030 wären im Rahmen des 2-Grad-Klimaziels etwa $0{,}72 * 143 = 103$ g CO$_2$/\$ anzustreben, für das 1,5-Grad-Ziel sind $0{,}6 * 122 = 73$ g CO$_2$/\$ notwendig, s. dazu Kap. 3. Die Situation aller Länder Westeuropas in 2017 zeigt Abb. 2.24.

Das entsprechende Diagramm für **Osteuropa** zeigt Abb. 2.25. Trotz der Fortschritte (-87 g CO$_2$/\$ seit 2010) ist der Durchschnittswert mit $1{,}04 * 225 = 235$ g CO$_2$/\$ noch zu hoch. Für 2030 sind entsprechend dem 2-Grad-Klimaziel höchstens $0{,}9 * 190 = 170$ g CO$_2$/\$ zugelassen, für das 1,5-Grad-Ziel höchstens $0{,}8 * 150 = 120$ g CO$_2$/\$. (Kap. 3).

Noch wesentlich weniger nachhaltig ist die Energiewirtschaft **Eurasien**s mit $2{,}16 * 202 = 438$ g CO$_2$/\$ (Abb. 2.26), somit deutlich über dem Weltdurchschnitt, wegen der extrem schlechten Energieeffizienz. Hier müsste bis 2030 der Wert auf mindestens $1{,}7 * 170 = 290$ g CO$_2$/\$ bzw. für das 1,5-Grad-Ziel auf $1{,}55 * 130 = 200$ g CO$_2$/\$ reduziert werden (Kap. 3).

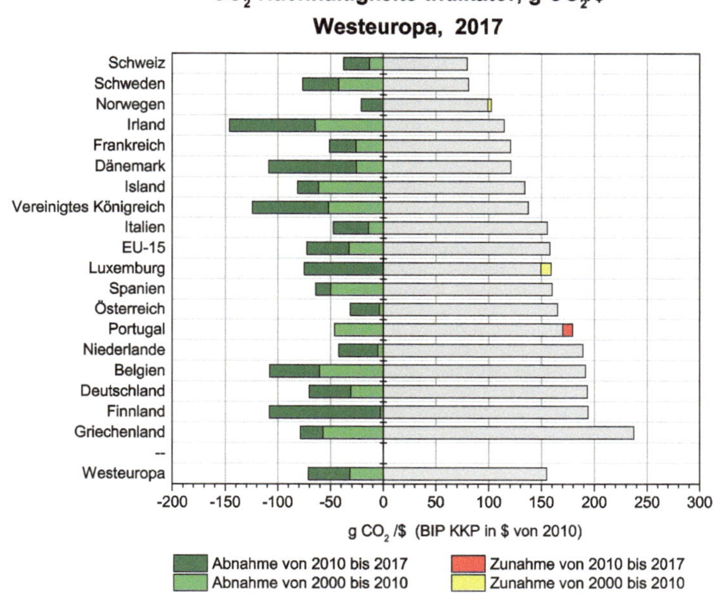

Abb. 2.24 CO$_2$-Nachhaltigkeits-Indikator der Länder Westeuropas in 2017 und Änderungen von 2000 bis 2010 und von 2010 bis 2017

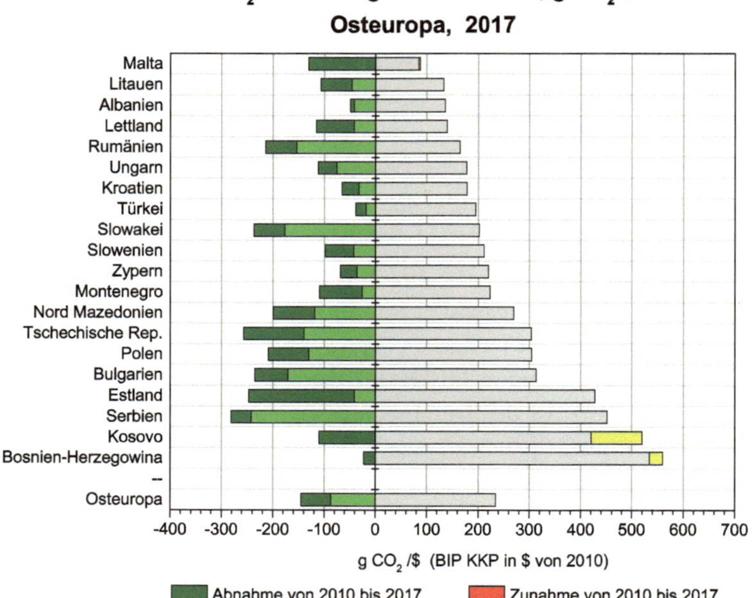

Abb. 2.25 CO$_2$-Nachhaltigkeits-Indikator der Länder Osteuropas in 2017 und Änderungen von 2000 bis 2010 und von 2010 bis 2017

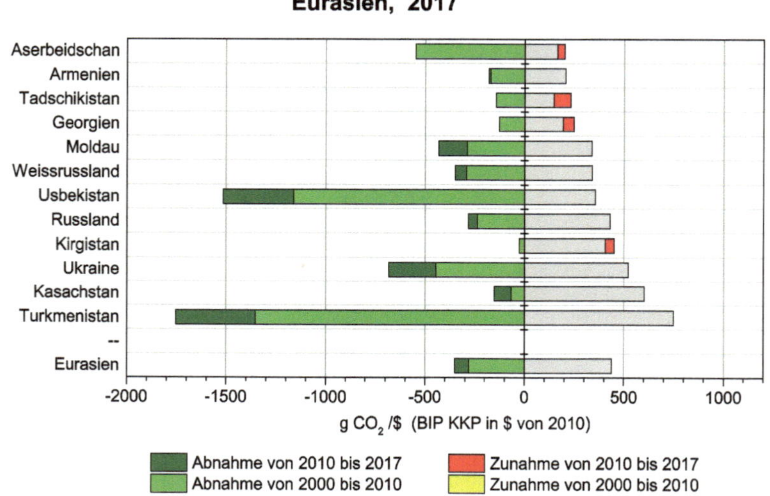

Abb. 2.26 CO$_2$-Nachhaltigkeits-Indikator der Länder Eurasiens in 2017 und Änderungen von 2000 bis 2010 und von 2010 bis 2017

CO$_2$-Emissionen und Indikatoren bis 2017 und notwendige Szenarien zur Einhaltung des 2-Grad- bzw. 1,5-Grad-Ziels   3

3.1 Westeuropa

Mit dem 2-Grad- und 1,5-Grad-Ziel kompatible **Emissions-Szenarien bis 2050** für Westeuropa zeigt Abb. 3.1. Für Westeuropa liegen bereits Daten von 2018 vor. Für das 1,5-Grad-Ziel ist die Stagnation der Emissionen von 2014 bis 2017 als empfindlicher Rückschritt zu bezeichnen.

Der entsprechende **Verlauf der Indikatoren** ist in Abb. 3.2 wiedergegeben. Die Abnahme-Trends von Energieeffizienz und CO$_2$.-Intensität der Energie sind beide gemäss Abb. 3.3 bis 2050 deutlich zu verbessern gegenüber 2000 bis 2018, vor allem für das 1,5-Grad-Ziel. Die 2-Grad-Variante würde bei weltweit verstärkter Reduktionstendenz der Indikatoren ab 2030 auch Ziele unter 2 °C ermöglichen, (1,5 °C nur mit Null-Emissionen bis 2050 s. Abb. 1.2).

Der zugehörige Verlauf der **Pro-Kopf-Indikatoren** für das kaufkraftbereinigte Bruttoinlandsprodukt, für die Bruttoenergie und für den CO$_2$-Ausstoss sind schliesslich in Abb. 3.4 dargestellt, für 1980 bis 2018 und entsprechend dem 2-Grad- bzw. 1,5-Grad-Szenario. Bis 2050 sind die Pro-Kopf-Emissionen für 2 °C auf 2 t/Kopf und für 1,5 °C auf 0,6 t/Kopf zu reduzieren.

3.2 Osteuropa

Mit dem 2-Grad- und 1,5-Grad-Ziel kompatible **Emissions-Szenarien bis 2050** für Osteuropa zeigt Abb. 3.5. Der starke Emissionsanstieg von 2014 bis 2017 ist weder mit dem 2-Grad-Ziel und noch viel weniger mit dem 1,5-Grad-Ziel kompatibel. Die Emissionen müssen trotz starker wirtschaftlicher Entwicklung bis 2030 gemäss

© Springer Fachmedien Wiesbaden GmbH, ein Teil von Springer Nature 2020
V. Crastan, *Klimawirksame Kennzahlen Band I,*
https://doi.org/10.1007/978-3-658-30335-8_3

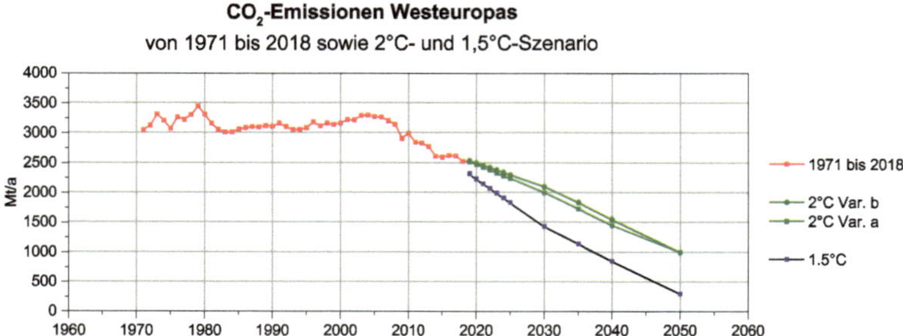

Abb. 3.1 Mit dem 2-Grad- bzw. 1,5-Grad-Ziel kompatible Szenarien für Westeuropa

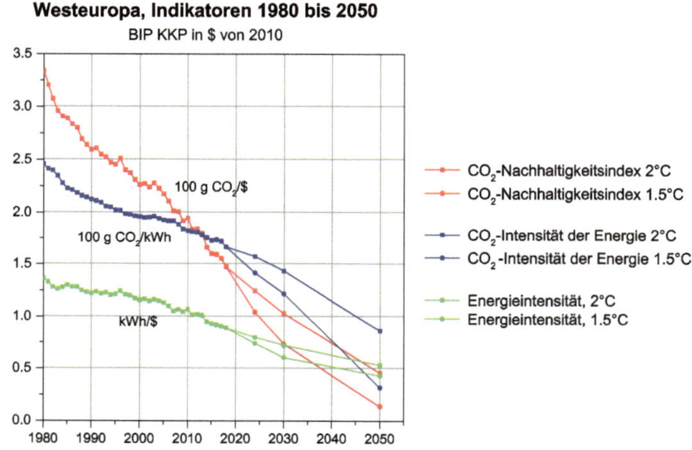

Abb. 3.2 Indikatoren-Verlauf von 1980 bis 2018 und mit dem 2-Grad- bzw. 1,5-Grad-Ziel kompatibler Verlauf bis 2050

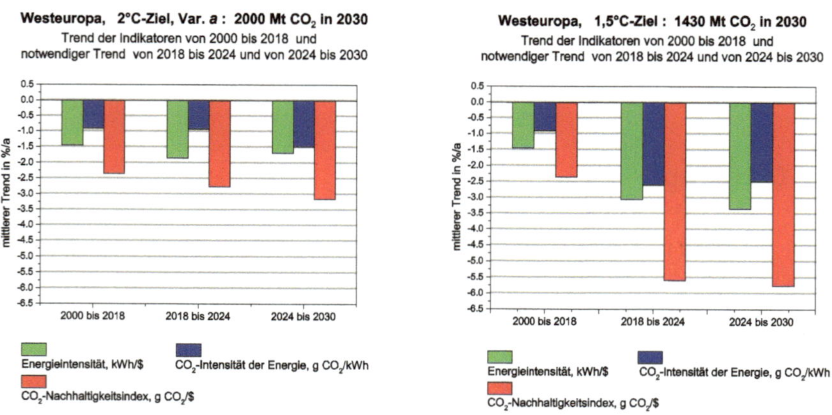

Abb. 3.3 Indikatoren-Trend in %/a von 2000 bis 2018 und notwendige Trendänderung ab 2018 zur Einhaltung des 2- Grad- bzw. 1,5-Grad-Ziels

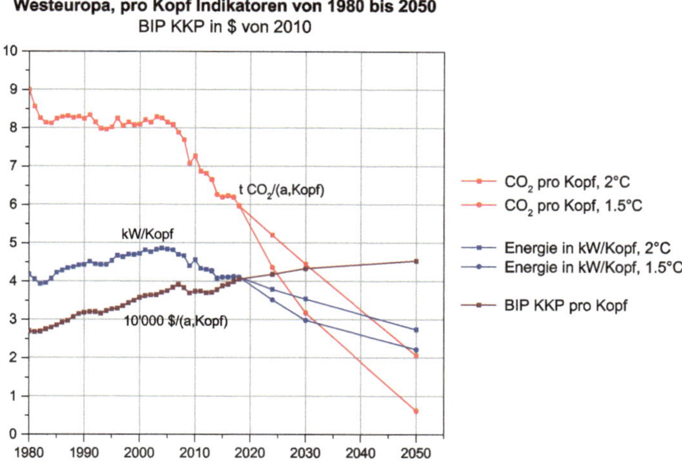

Abb. 3.4 Pro-Kopf-Indikatoren Westeuropas von 1980 bis 2018 und mit dem 2-Grad- bzw. 1,5-Grad-Ziel kompatibler Verlauf bis 2050. BIP 2024 gemäss IMF

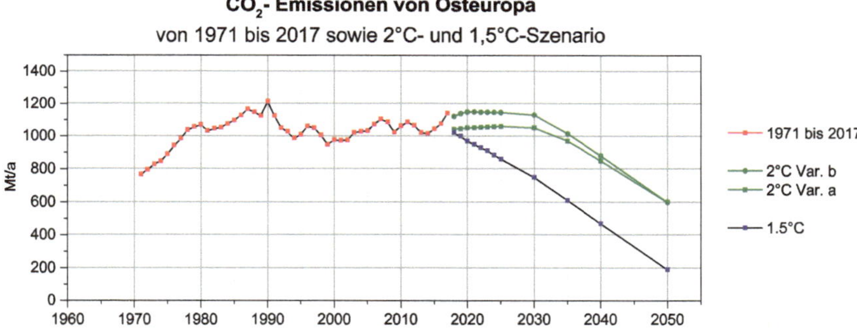

Abb. 3.5 Mit dem 2-Grad- bzw. 1,5-Grad-Ziel kompatible Emissions-Szenarien für Osteuropa

2-Grad-Ziel im Wesentlichen um 1000 Mt konstant gehalten und danach bis 2050 nahezu halbiert werden. Eine Trendwende ist notwendig. Noch wesentlich schärfer sind die Bedingungen für das 1,5-Grad-Ziel: Reduktion auf 750 Mt bis 2030 und auf 200 Mt bis 2050.

Der Verlauf der **Indikatoren** ist in Abb. 3.8 wiedergegeben. Osteuropa weist insgesamt seit 2000 trotz Emissionszunahme Fortschritte auf. Der Nachhaltigkeitsindikator hat sich von 2000 bis 2017 von 380 g CO_2/\$ auf 235 g CO_2/\$ verbessert. Durch weitere Verbesserungen der Energieintensität als auch der CO_2-Intensität der Energie, durch Reduktion des Kohleanteils, sollten (Abb. 3.6) gemäß 2-Grad-Ziel 170 g CO_2/\$ bis 2030 und 120 g CO_2/\$ bis 2050 erreichbar sein. Weniger leicht zu erreichen sind die 1,5-Grad-Ziele nämlich 80 g CO_2/\$ bis 2030 und 30 g CO_2/\$ bis 2050. Die dazu

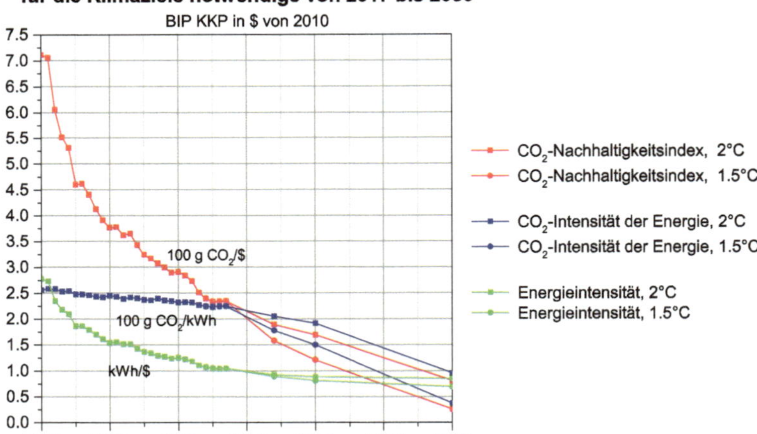

Abb. 3.6 Indikatoren-Verlauf von 1990 bis 2017 und mit dem 2-Grad- bzw. 1,5-Grad-Ziel kompatibler Verlauf bis 2050

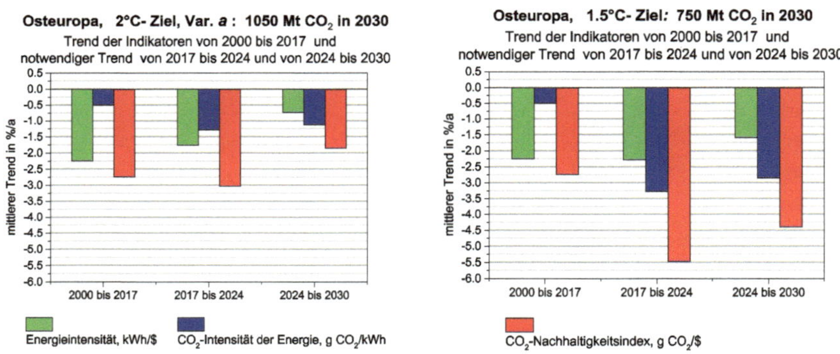

Abb. 3.7 Indikatoren-Trend in %/a von 2000 bis 2017 und notwendige Trendänderung ab 2017 zur Einhaltung des 2-Grad- bzw. 1,5-Grad-Ziels

notwendigen prozentualen jährlichen Änderungen bis 2030 für die beiden Varianten sind detaillierter in Abb. 3.7 wiedergegeben.

Der zugehörige Verlauf **der Pro-Kopf-Indikatoren** für das kaufkraftbereinigte Bruttoinlandsprodukt, die Bruttoenergie und den CO$_2$-Ausstoss sind schliesslich in Abb. 3.8 dargestellt, für 1990 bis 2017 und entsprechend den beiden Szenarien. Die Pro-Kopf-Emissionen sollten für das 2-Grad-Ziel bis 2050 etwa halbiert bzw. für das 1,5-Grad-Ziel auf rund 1 t /Kopf reduziert werden.

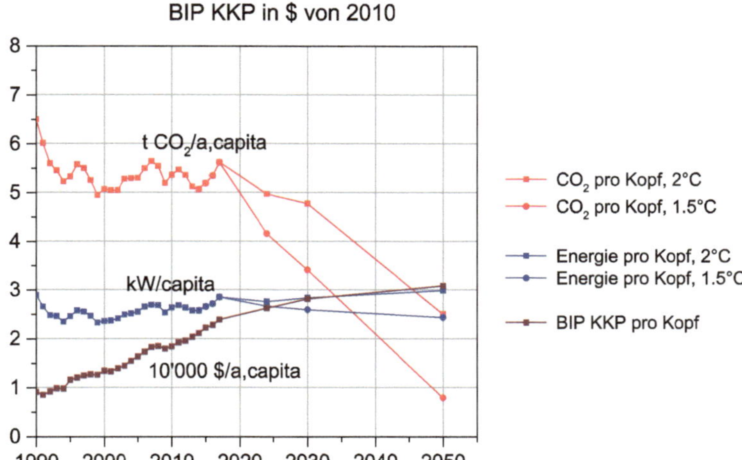

Abb. 3.8 Pro-Kopf-Indikatoren Osteuropas von 1990 bis 2017 und 2-Grad- bzw. 1,5-Grad-Szenario bis 2050. Das BIP (KKP) von 2024 entspricht den IMF-Prognosen

3.3 Eurasien

Mit dem 2-Grad- bzw. 1,5-Grad-Ziel kompatible **Szenarien bis 2050** für Eurasien sind in Abb. 3.9 dargestellt. Die Zunahme der Emissionen in 2017 erschwert die Einhaltung der Ziele. Eine Trendwende ist unerlässlich.

Der entsprechende Verlauf der **Indikatoren** ist in Abb. 3.10 wiedergegeben. Von 2000 bis 2017 hat sich der CO_2-Nachhaltigkeitsindikator (mit US\$ von 2010) von 790 g CO_2/\$ auf 440 g CO_2/\$ stark verbessert. Bis 2030 sind etwa 290 g CO_2/\$ für das 2-Grad-Ziel bzw. 200 g CO_2/\$ für das 1,5-Grad-Ziel notwendig, durch weitere

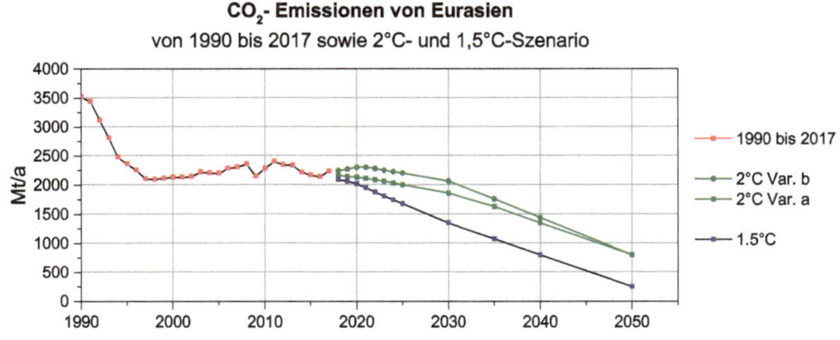

Abb. 3.9 Mit dem 2-Grad- bzw. 1.5-Grad-Ziel kompatible Szenarien für Eurasien

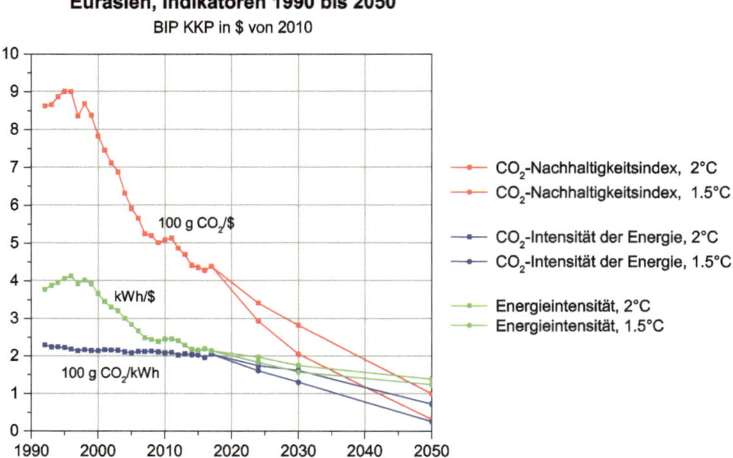

Abb. 3.10 Indikatoren-Verlauf von 1990 bis 2017 und mit dem 2-Grad- bzw. 1,5-Grad-Ziel kompatibler Verlauf bis 2050

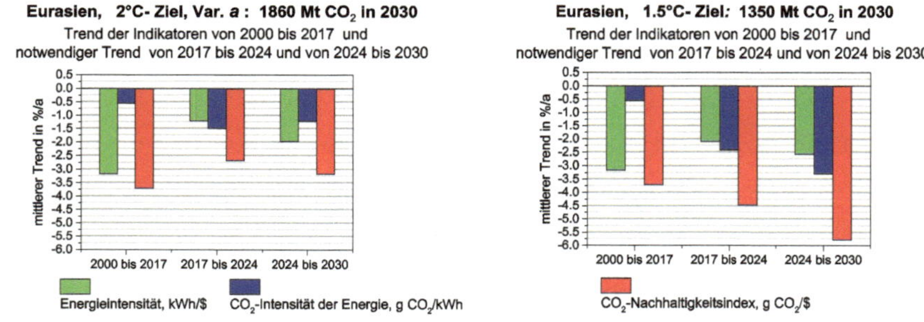

Abb. 3.11 Indikatoren-Trend in %/a von 2000 bis 2017 und für Eurasien notwendige Trendänderung ab 2017 zur Einhaltung des 2-Grad- bzw. 1,5-Grad-Ziels

Verbesserung der Energieeffizienz und starke Förderung CO_2-armer Energien. Bis 2050 sind Werte unter 100 g CO_2/$ anzustreben.

Die mittleren prozentualen **jährlichen Änderungen** der Indikatoren von 2000 bis 2017 und die bis 2030 notwendigen mittleren Trends für beide Klimaziele sind detaillierter in Abb. 3.11 wiedergegeben.

Der zugehörige Verlauf der **Pro-Kopf-Indikatoren** für das kaufkraftbereinigte Bruttoinlandsprodukt, die Bruttoenergie und den CO_2-Ausstoss sind schliesslich in Abb. 3.12 dargestellt, für 1990 bis 2017 und entsprechend dem 2-Grad- bzw. 1,5-Grad-Szenario. Die Pro-Kopf-Emissionen sind bis 2050 für das 2-Grad-Ziel mehr als zu halbieren und für das 1,5-Grad-Ziel auf etwa 1 t/pro Jahr zu reduzieren.

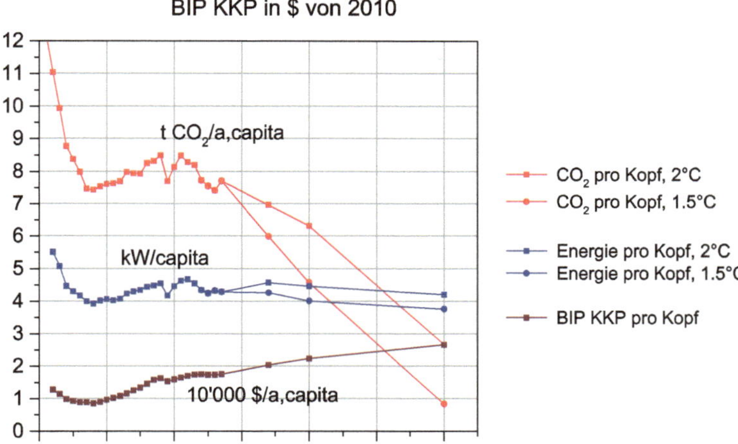

Abb. 3.12 Pro-Kopf-Indikatoren Eurasiens von 1990 bis 2017 und 2-Grad- bzw. 1,5-Szenario bis 2050. BIP (KKP) in 2024 gemäss IMF

3.4   Europa und Eurasien insgesamt

Die Diagramme für den eurasischen Kontinent folgen durch Aufsummierung der Diagramme der drei Regionen und sind in den Abb. 3.13 bis 3.17 gegeben.

Die Abb. 3.15 und 3.16 veranschaulichen die bisherigen und die für das 2-Grad- und das 1,5-Grad-Ziel zulässigen **CO₂-Emissionen** und die entsprechenden **Indikatoren** bis 2050. Der Emissionsanstieg 2017 erschwert die Einhaltung der Klimaziele. Dies betrifft alle Regionen, in stärkerem Masse vor allem Osteuropa (s. Abschn. 3.1 bis 3.3).

Die bis 2030 notwendigen prozentualen **jährlichen Änderungen** der **Indikatoren** für die beiden Varianten sind detaillierter in den Abb. 3.17 und 3.18 wiedergegeben. Der

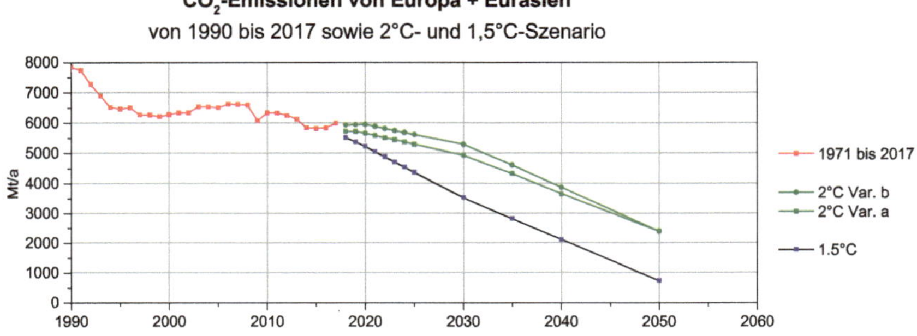

Abb. 3.13 Mit dem 2-Grad- bzw. 1,5-Grad-Ziel kompatible Szenarien für Europa + Eurasien insgesamt

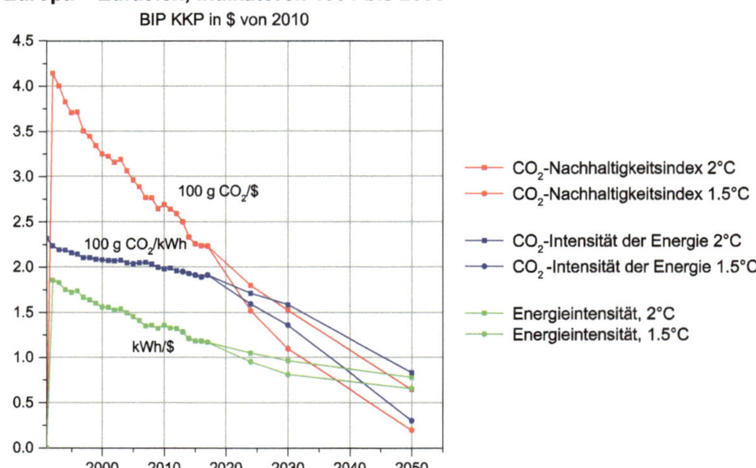

Abb. 3.14 Indikatoren von 1990 bis 2015 und mit dem 2-Grad-Ziel kompatibler Verlauf bis 2050

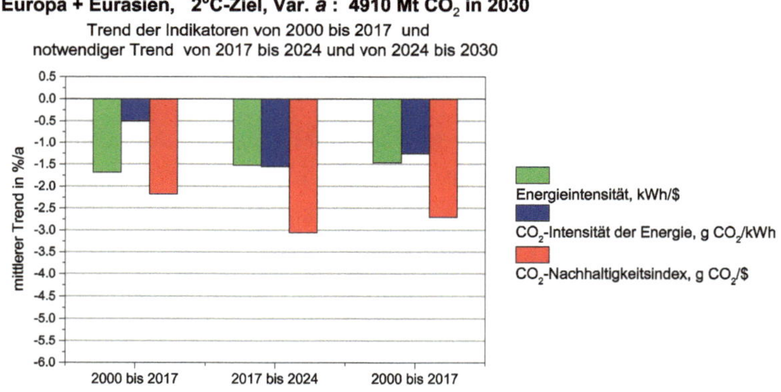

Abb. 3.15 Indikatoren-Trend in %/a von 2000 bis 2017 und notwendige Trendänderung ab 2017, 2-Grad-Ziel

Verlauf der **Pro-Kopf-Indikatoren** für den CO_2-Ausstoss, die Bruttoenergie und das kaufkraftbereinigte Bruttoinlandsprodukt sind schliesslich in Abb. 3.19 dargestellt.

3.5   Zusammenfassung

Die Abb. 3.18 und 3.19 geben die Änderung in % des **Indikators g CO_2/$,** von 2017 bis 2030, die für die Erreichung des 2-Grad- bzw. 1,5-Grad-Ziels (maximale Erhöhung der mittleren Erdtemperatur relativ zu vorindustriellen Zeit) notwendig ist.

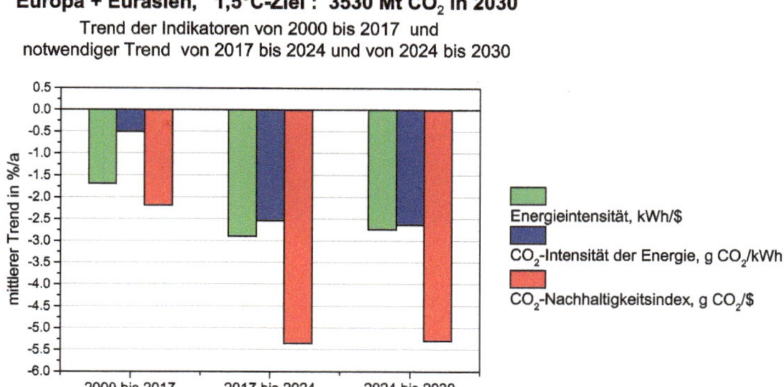

Abb. 3.16 Indikatoren-Trend in %/a von 2000 bis 2017 und notwendige Trendänderung ab 2017, 1,5-Grad-Ziel

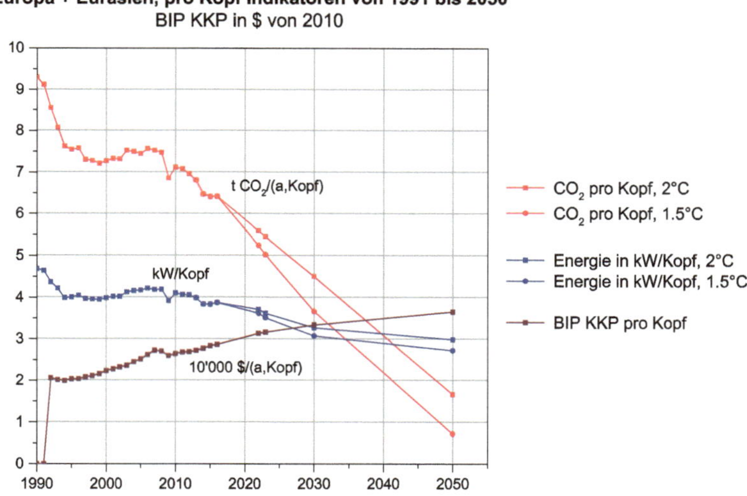

Abb. 3.17 Pro-Kopf-Indikatoren von Europa + Eurasien von 1980 bis 2015 und 2-Grad-Szenario bis 2050

Die **grüne Linie** entspricht der im **Mittel weltweit notwendigen Reduktion** des Indikators in Abhängigkeit des Indikatorwerts in 2017.

Die **roten Werte** geben, in Übereinstimmung mit der vorangehenden Analyse, die **empfohlene Änderung** für die drei Regionen sowie für Europa + Eurasien insgesamt. Die Marge relativ zum weltweiten Mittel ist ein Bonus für die Entwicklungs- und Schwellenländer. Sie wird ermöglicht und kompensiert durch die stärkere Anstrengung der stark industrialisierten Länder.

Ziele unter **2 °C:**

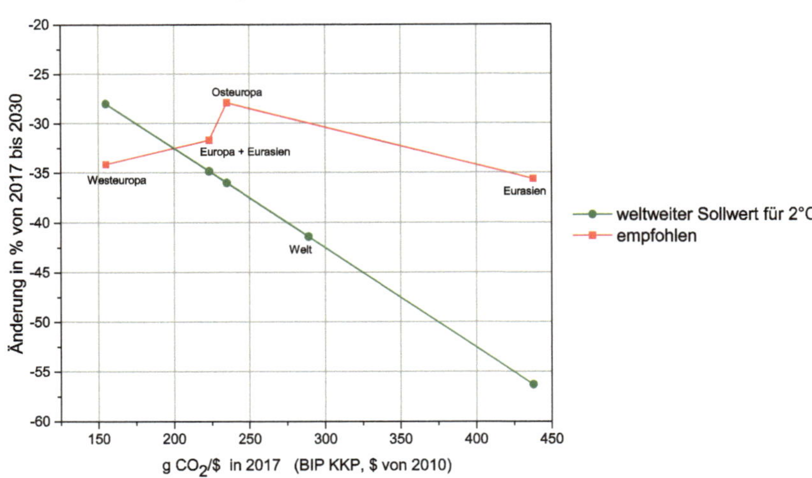

Abb. 3.18 Notwendige Änderung des Indikators g CO$_2$/$, um das 2-Grad-Klimaziel zu erreichen

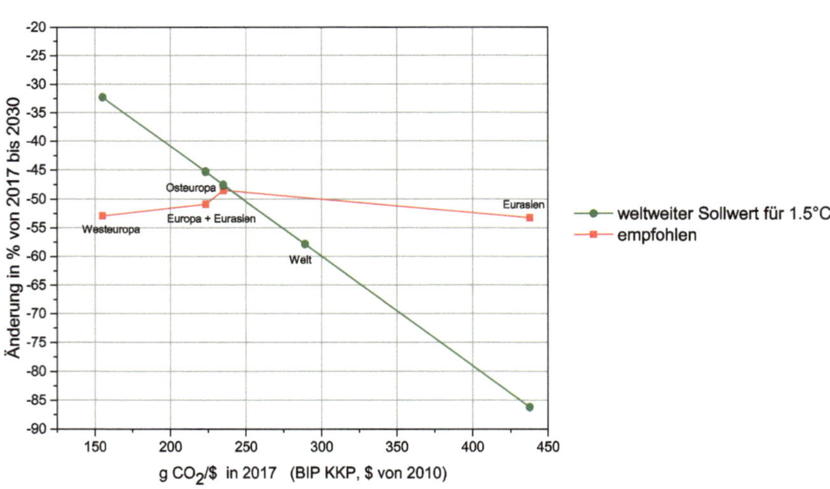

Abb. 3.19 Notwendige Änderung des Indikators g CO$_2$/$, um das 1.5-Grad-Klimaziel zu erreichen

Wird bis 2030 lediglich das 2-Grad-Ziel gemäß Abb. 3.18 erreicht, ist theoretisch das **1,5-Grad-Ziel,** mit verstärkten Anstrengungen ab 2030 noch erreichbar (Kap. 1, Abb. 1.2). Für das 1,5-Grad-Ziel dürfen bis 2100 die kumulierten Emissionen seit 1870 höchstens 550 Gt C betragen. Da weltweit bis 2030, selbst mit der strengeren Variante a des 2-Grad-Ziels, die kumulierten Emissionen bereits 500 Gt C erreichen, verbleibt eine Reserve von nur 50 Gt C, was 180 Gt CO_2 entspricht. Das 1,5-Grad-Klimaziel lässt sich somit nur erreichen, mit einem möglichst raschen Abbau der für 2030 prognostizierten Gesamtemission von rund 28 Gt auf 0 Gt CO_2 spätestens bis 2050. Dazu dürfte zusätzlich die Hilfe „negativer Emissionen" erforderlich sein, s. Kap. 1. Was Europa + Eurasien betrifft, müssten die Emissionen bereits ab 2025 wesentlich rascher sinken als in Abb. 3.13 dargestellt und linear bis 2050 auf 0 Gt gebracht werden.

Die zur raschen und starken Verbesserung der CO_2-Nachhaltigkeit **notwendigste Massnahme,** zur Gewährleistung mindestens des 2-Grad-Ziels und wenn möglich des 1.5-Grad-Ziels, ist eine rasch fortschreitende Entwicklung zu einer **CO_2-freien Elektrizitätsproduktion.** Diese kann in erster Linie durch erneuerbare Energien (Wind, Sonne, Wasser, in geeigneten Gegenden auch Geothermie), aber auch durch Kernenergie oder CCS (Carbon Capture and Storage) erreicht werden. Ebenso notwendig ist die Anpassung der Netze und Speicherungstechniken an die hohe Variabilität von Solar- und Windenergie.

Ein nachhaltiger Energieverbrauch erfordert:

- Bei Heizwärme- und Kühlung: bessere **Gebäudeisolation,** Ersatz von Ölheizungen zumindest durch Gasheizungen und besser durch **Wärmepumpenheizungen** (s. dazu auch Kap. 4 und [1]), sowie durch **Solar-Warmwasser** und möglichst **CO_2-frei erzeugte Fernwärme,** Kühlung mit **Erdsonden und CO_2-arm erzeugte Elektrizität.**
- Bei Prozesswärme: Ersatz fossiler Energieträger soweit möglich durch **CO_2-arm erzeugte Elektrizität** und **Solarwärme.**
- Im Verkehr: **effizientere** Motoren und fortschreitende **Elektrifizierung:** Bahnverkehr, Elektro- und Hybridfahrzeuge für den Privat- und Warenverkehr. Letztere sind sehr sinnvoll ab einer **CO_2-armen Elektrizitätsproduktion** von mindestens 50 % (s. dazu Tab. 2.1). Ebenso notwendig ist der Ersatz fossiler Treibstoffe durch die grossangelegte Produktion **CO_2-neutraler synthetischer Treibstoffe** (PtG, Power to Gas) mit Photovoltaik-Anlagen, in sonnenreichen Gegenden (Südeuropa, Afrika, Asien, Amerika), für den Luft-, See- und Langstreckenverkehr.

4.1 Schweiz, Österreich und Deutschland

4.1.1 Energieflüsse in der Schweiz

Siehe Abb. 4.1 und 4.2.

4.1.2 Energieflüsse in Österreich

Siehe Abb. 4.3 und 4.4.

4.1.3 Energieflüsse in Deutschland

Siehe Abb. 4.5 und 4.6.

4.1.4 Elektrizitätsproduktion und -verbrauch in der Schweiz, Österreich und Deutschland

Siehe Abb. 4.7, 4.8 und 4.9.

Kommentar zur Schweiz

Die CO_2-Nachhaltigkeit der Schweiz (80 g CO_2/\$) bezüglich Energieproduktion ist Weltspitze (Abb. 4.1). Sie beruht in erster Linie auf der praktisch nur mit Wasserkraft und Kernenergie erzeugten Elektrizität (Abb. 4.7). Wesentlich schlechter würde die Bilanz aussehen, wenn man die hohen Elektrizitätsimporte von CO_2-belasteter Energie mit berücksichtigen würde.

© Springer Fachmedien Wiesbaden GmbH, ein Teil von Springer Nature 2020
V. Crastan, *Klimawirksame Kennzahlen Band I,*
https://doi.org/10.1007/978-3-658-30335-8_4

Schweiz, 2017
Energiefluss im Energiesektor und totale CO2-Emissionen (ohne Schiff- und Luftfahrt-Bunker)

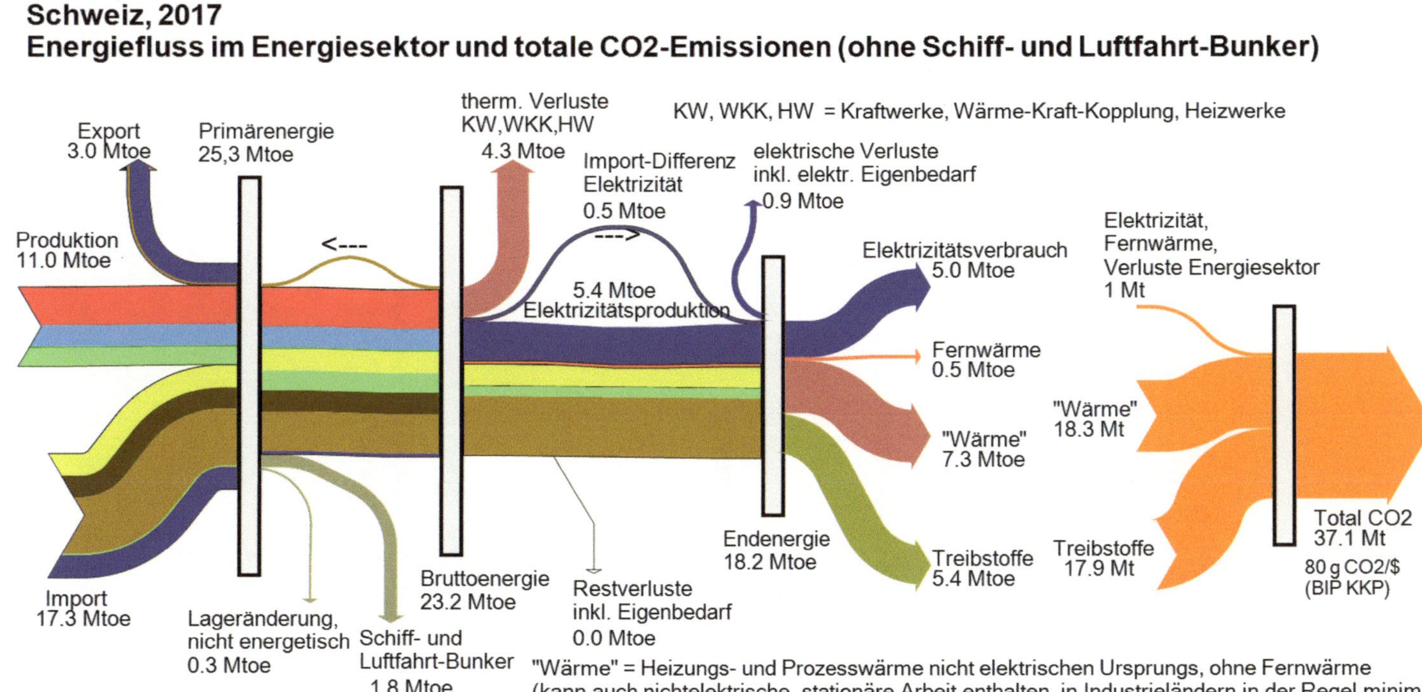

Abb. 4.1   Schweiz: Energiefluss im Energiesektor von der Primärenergie zur Endenergie und CO_2-Ausstoss. Die Energieträgerfarben sind wie in Abb. 2.7 und 2.9 (aber Erdöl dunkelbraun, Erdölprodukte hellbraun). CO_2-Intensitäten g CO_2/kWh gemäß Tab. 4.1

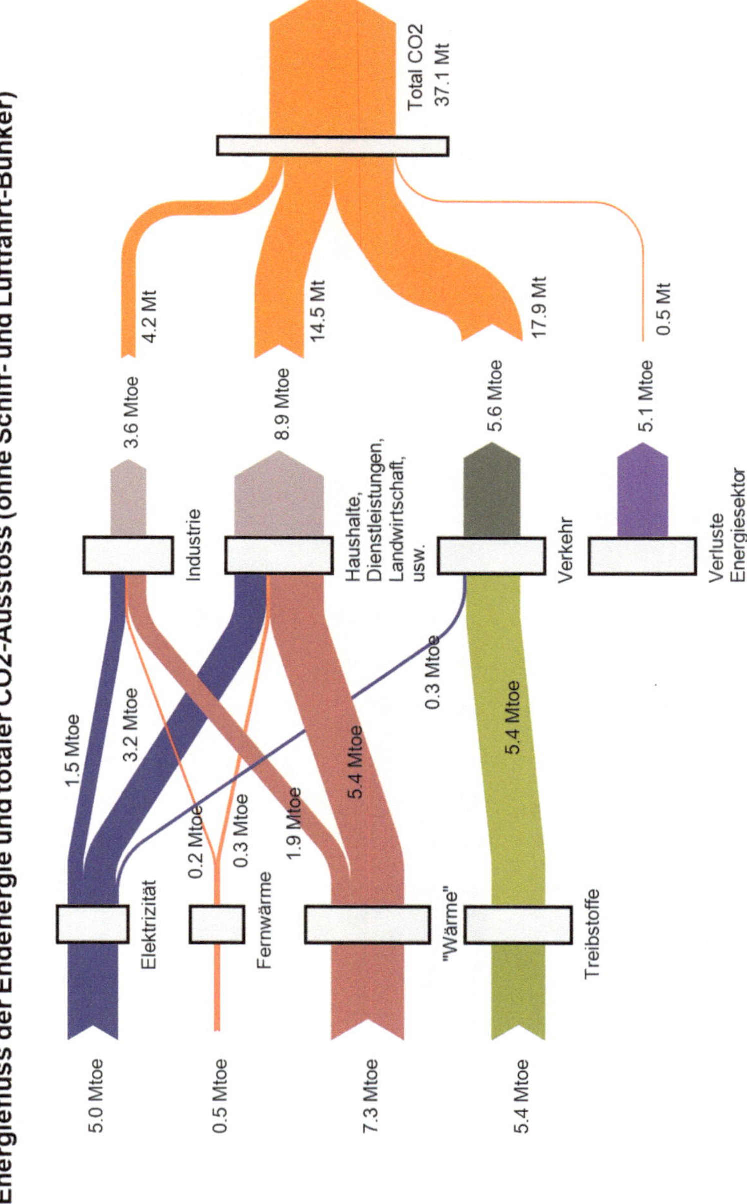

Abb. 4.2 Schweiz: Energiefluss der Endenergie zu den Endverbrauchern und zugeordnete CO_2-Emissionen

Österreich, 2017
Energiefluss im Energiesektor und totale CO2-Emissionen (ohne Schiff- und Luftfahrt-Bunker)

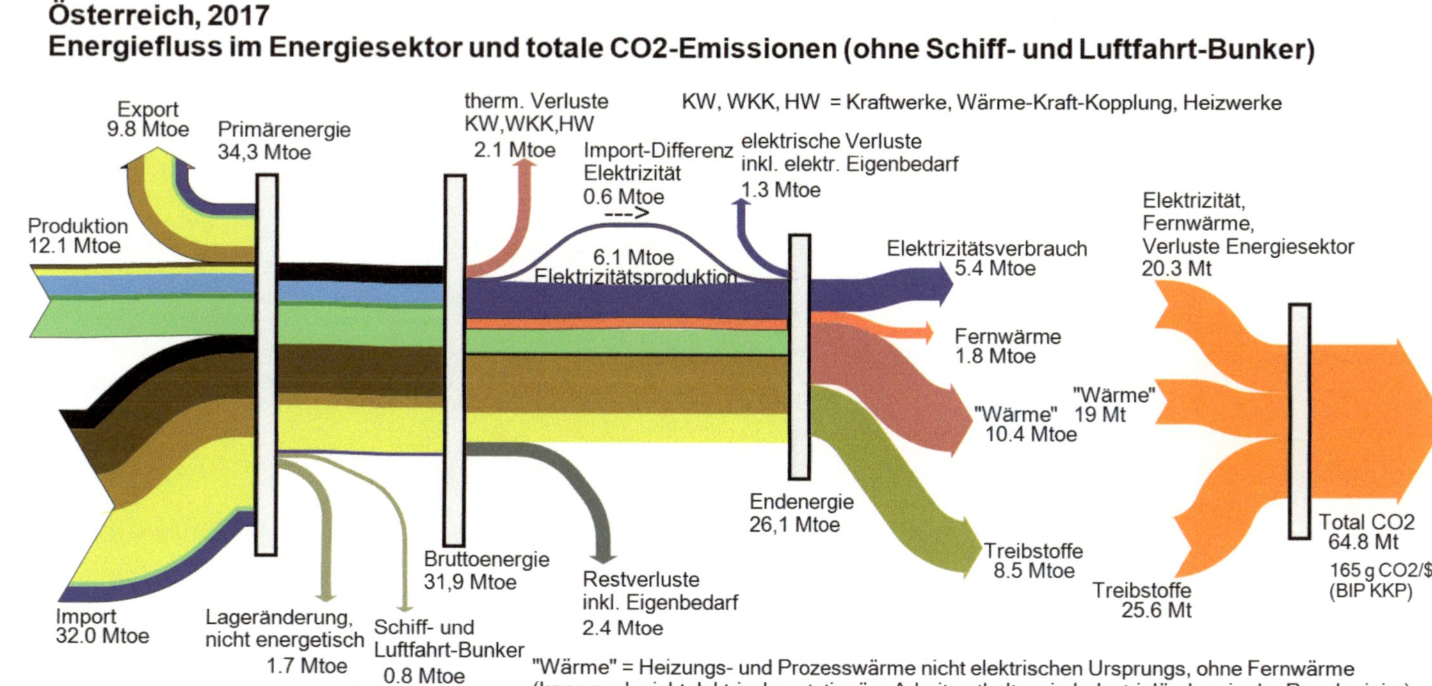

Abb. 4.3 Österreich: Energiefluss im Energiesektor von der Primärenergie zur Endenergie und CO_2-Ausstoss. Die Energieträgerfarben sind wie in Abb. 2.7 und 2.9 (aber Erdöl dunkelbraun, Erdölprodukte hellbraun). CO_2-Intensitäten gemäß Tab. 4.2

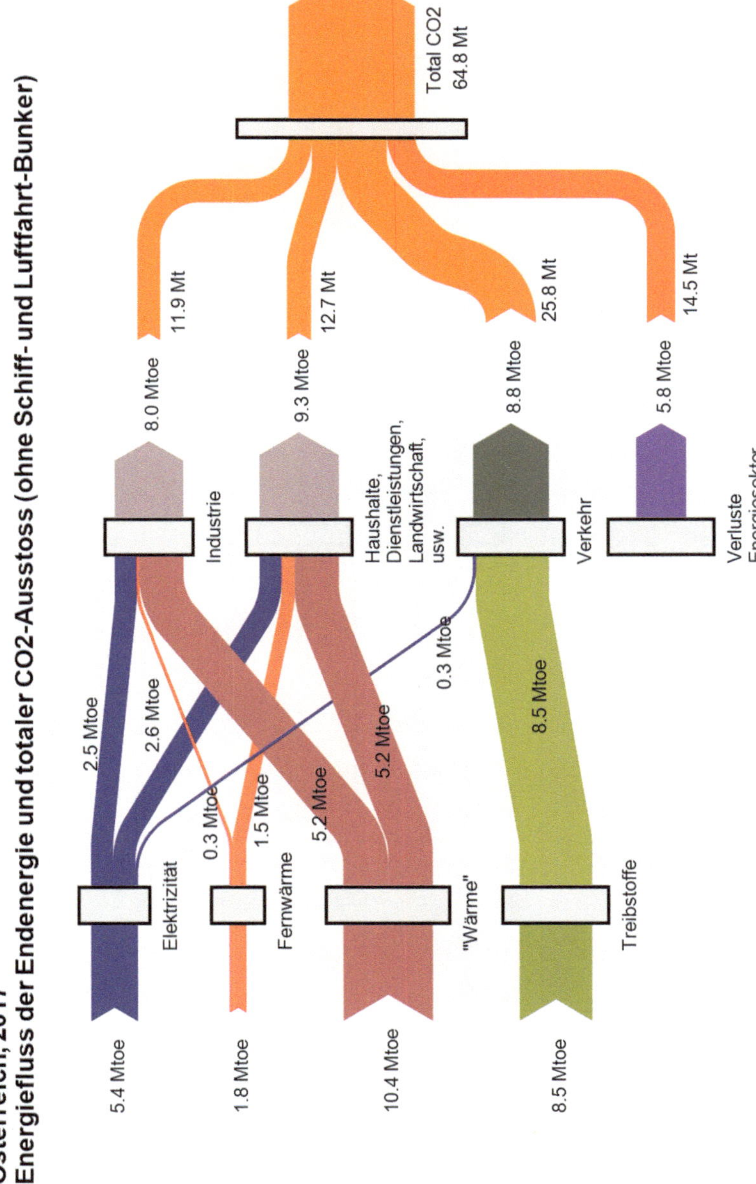

Abb. 4.4 Österreich: Energiefluss der Endenergie zu den Endverbrauchern und zugeordnete CO_2-Emissionen

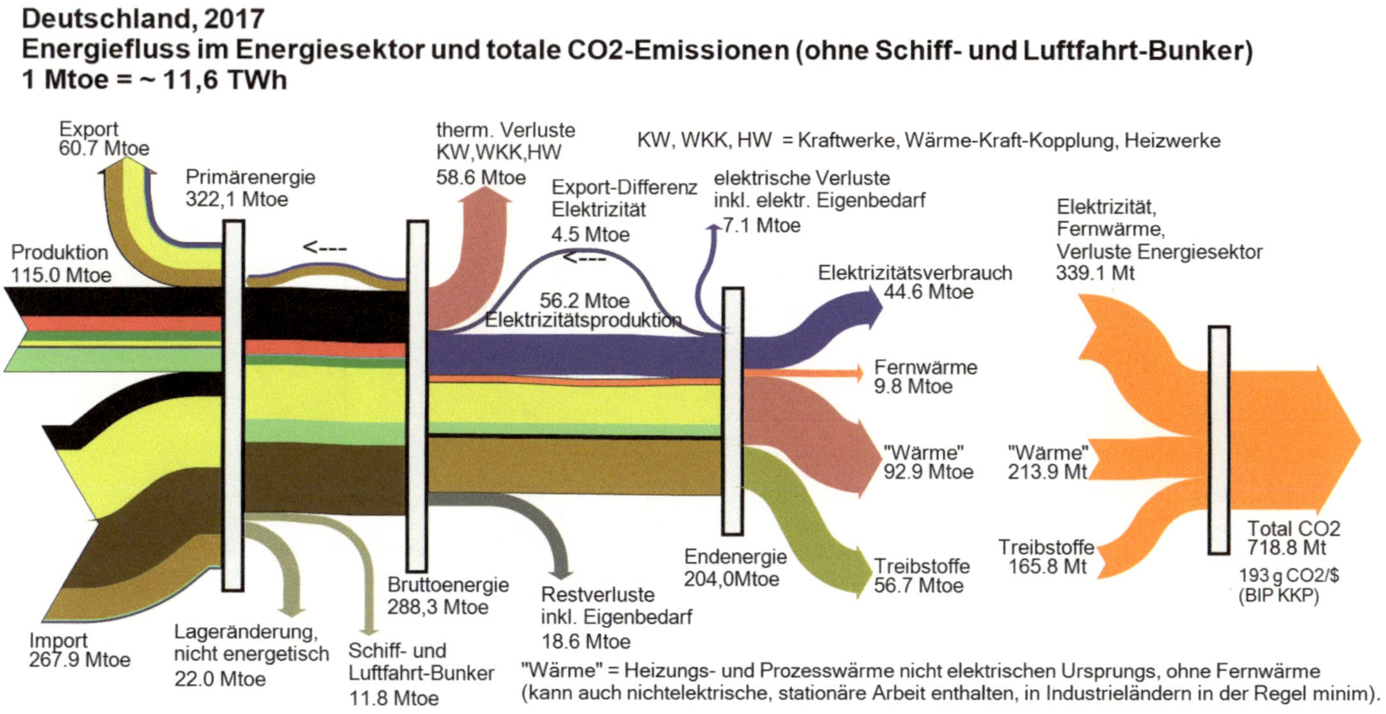

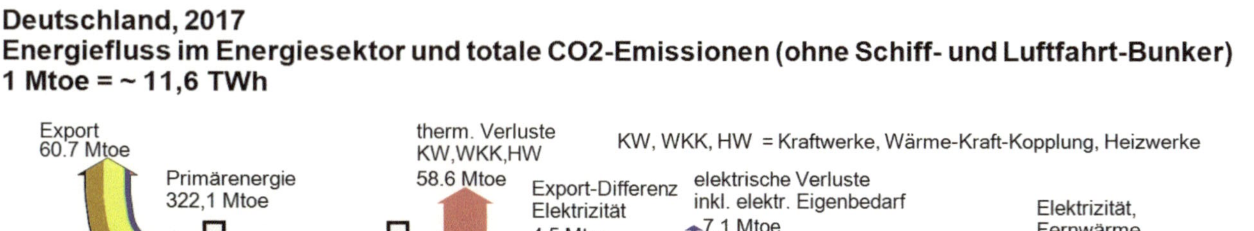

Abb. 4.5 Deutschland: Energiefluss im Energiesektor von der Primärenergie zur Endenergie und CO_2-Ausstoss. Die Energieträgerfarben sind wie in Abb. 2.7 und 2.9 (aber Erdöl dunkelbraun, Erdölprodukte hellbraun). CO_2-Intensitäten gemäß Tab. 4.3

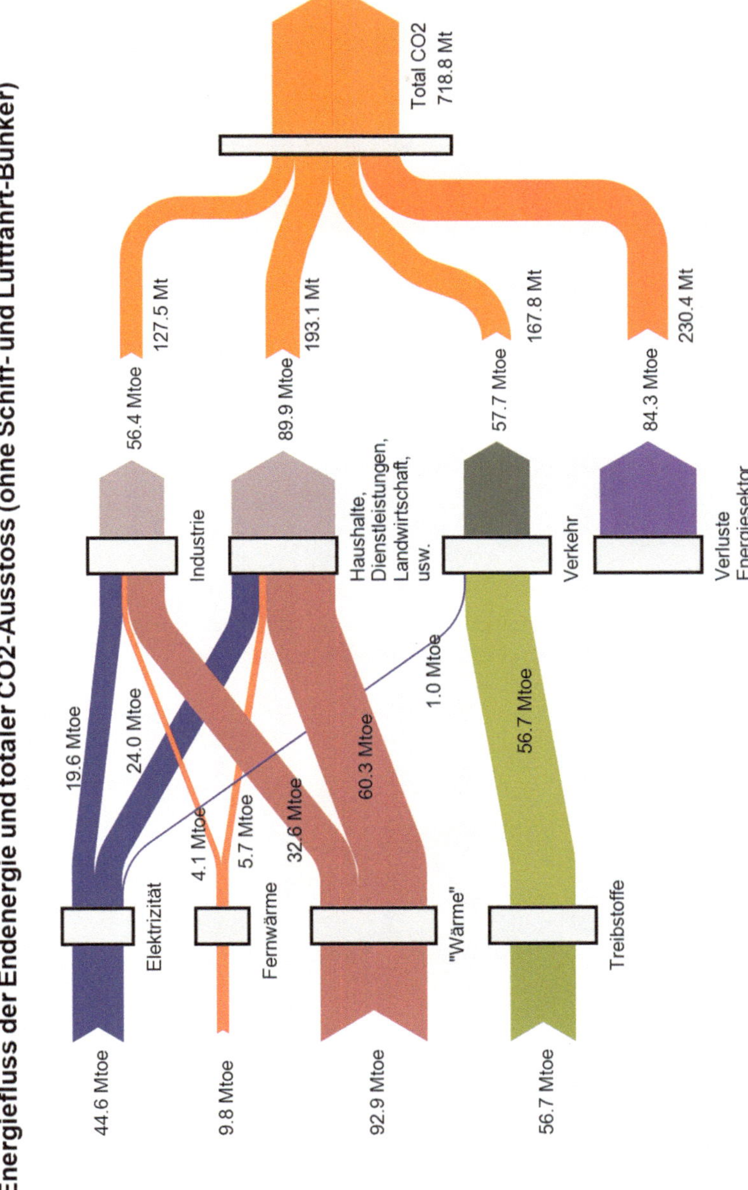

Abb. 4.6 Deutschland: Energiefluss der Endenergie zu den Endverbrauchern und zugeordnete CO_2-Emissionen

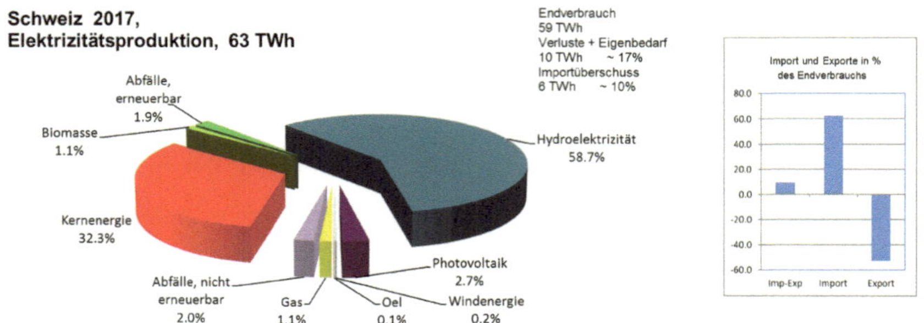

Abb. 4.7 Schweiz: Elektrizitätsproduktion und -Verbrauch, Import/Export-Bilanz, Anteil der CO_2-armen Elektrizitätsproduktion: 97 %, wovon 65 % erneuerbar

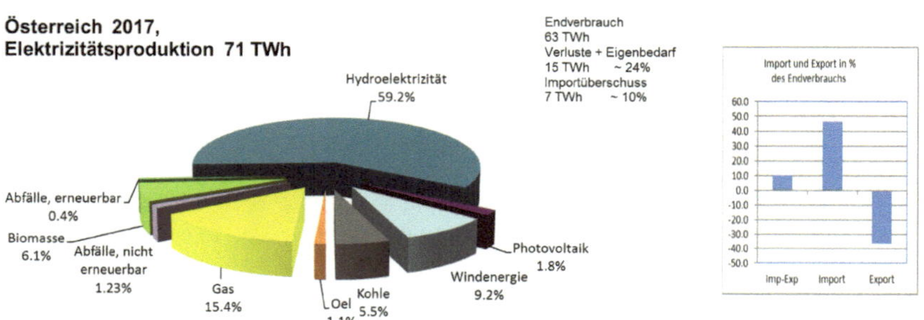

Abb. 4.8 Österreich: Elektrizitätsproduktion und -Verbrauch, Import/Export-Bilanz, Anteil der CO_2-armen Elektrizitätsproduktion: 77 %, alles erneuerbar

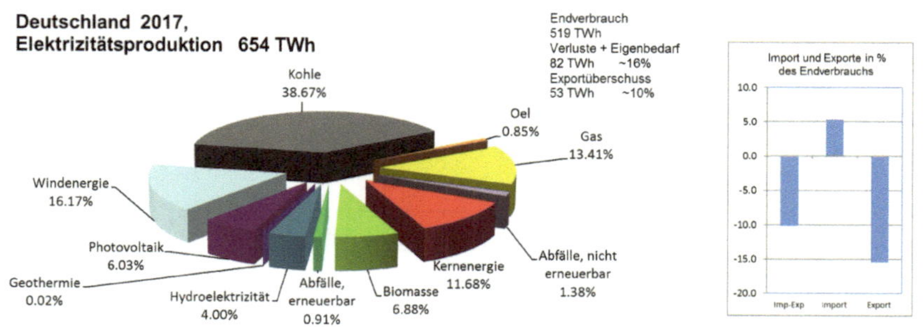

Abb. 4.9 Deutschland: Elektrizitätsproduktion und -Verbrauch, Import/Export-Bilanz, Anteil der CO_2-armen Elektrizitätsproduktion: 46 %, wovon 34 % erneuerbar

Der Elektrizitätsbedarf wird trotz Effizienzverbesserungen zunehmen (Wärmepumpen, Elektrofahrzeuge). Die Elektrifizierung des Verkehrs ist in der Schweiz sehr sinnvoll, da der Anteil der CO_2-armen Elektrizitätsproduktion bei 97 % liegt.

Eine Verschlechterung ist bei Abschaltung der Kernkraftwerke vorprogrammiert (s. Abb. 4.7), da der Ersatz mit Gaskraftwerken oder zusätzlichem Import von CO_2-belasteter Elektrizität notwendig wird. Linderung durch starken Ausbau von Windenergie, Photovoltaik und andere erneuerbaren Energien, sowie durch stark erhöhte Speicherungsmöglichkeiten für die (auch importierte) Wind- und Solarenergie hoher Variabilität. Die Netze müssen entsprechend angepasst werden.

Kommentar zu Österreich

Mit 165 g CO_2/\$ entspricht die CO_2-Nachhaltigkeit nahezu dem westeuropäischen Mittel. Auch hier würde allerdings die Berücksichtigung des starken Elektrizitätsaustauschs die Bilanz verschlechtern. Verbesserungen im Verkehrsbereich (durch Elektrifizierung) und im Energiesektor erfordern eine CO_2-ärmere Elektrizitätsproduktion. Zentral ist somit die Reduktion der fossilen Anteile, vor allem die Eliminierung des Kohle-Anteils, progressive Reduktion des Gas-Anteils (Abb. 4.8) und Ersatz mittels erneuerbaren Energien. Die Netze sind entsprechend anzupassen.

Kommentar zu Deutschland

Bezüglich CO_2-Nachhaltigkeit hat Deutschland, mit 193 g CO_2/\$, in Westeuropa den drittletzten Rang (Abb. 2.24). Hauptgrund ist die noch zu stark auf Kohle basierende Elektrizitätserzeugung (Abb. 4.9).

Die Umstellung auf CO_2-arme Elektrizitätsproduktion (die 2017 nur 46 % beträgt, Abb. 4.9) wird durch den raschen Ausstieg aus der Kernenergie (Energiewende) stark erschwert. Die Umstellung auf erneuerbare Energien erfordert Zeit. Entsprechende Speicher- und Netzprobleme müssen gelöst werden. Für den Wärme- und Verkehrsbereich s. Abschn. 4.4.

4.2   Frankreich, Italien, Spanien und Vereinigtes Königreich

4.2.1   Energieflüsse in Frankreich

Siehe Abb. 4.10 und 4.11.

4.2.2   Energieflüsse in Italien

Siehe Abb. 4.12 und 4.13.

4.2.3   Energieflüsse in Spanien

Siehe Abb. 4.14 und 4.15.

4.2.4   Energieflüsse im Vereinigten Königreich Spanien

Siehe Abb. 4.16 und 4.17.

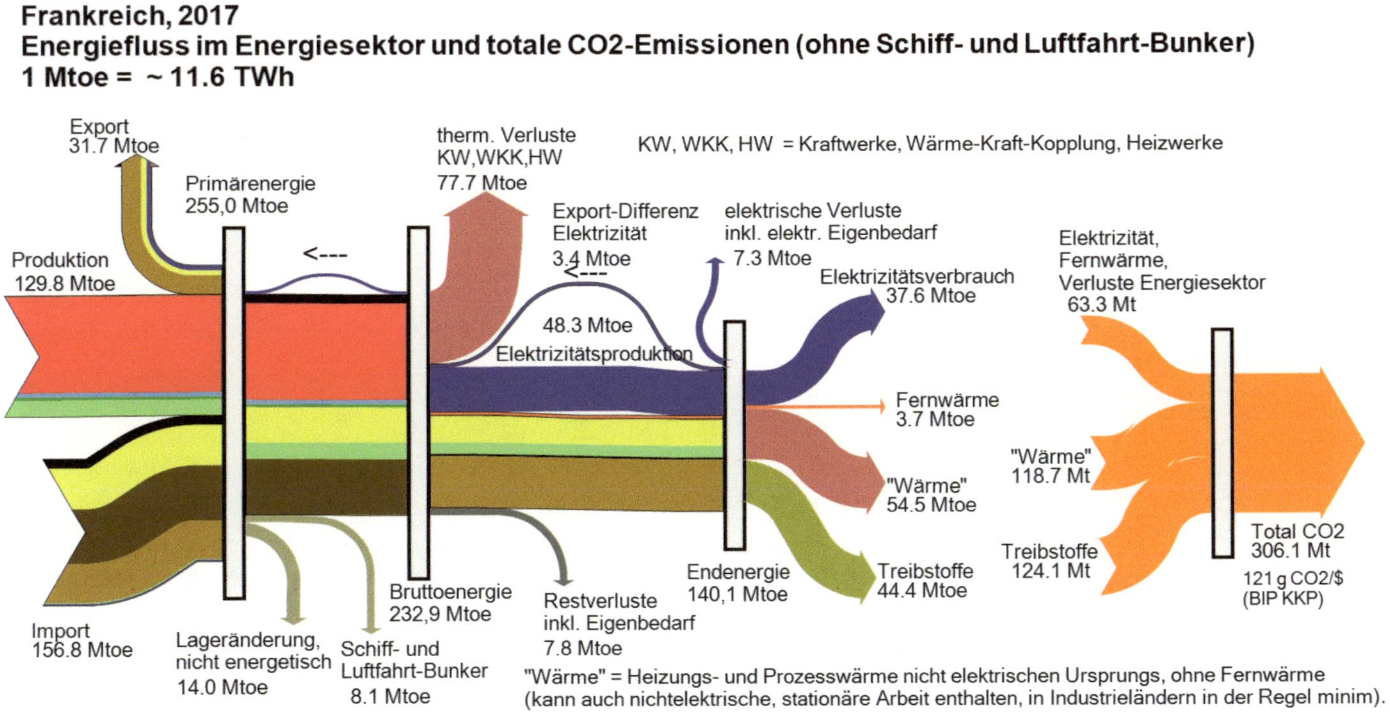

Frankreich, 2017
Energiefluss im Energiesektor und totale CO2-Emissionen (ohne Schiff- und Luftfahrt-Bunker)
1 Mtoe = ~ 11.6 TWh

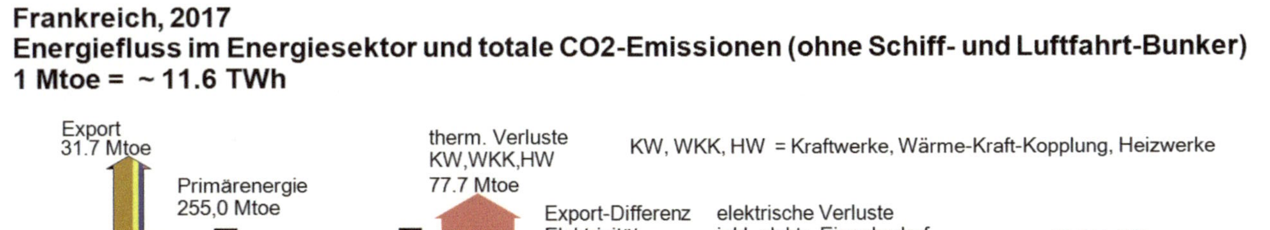

Abb. 4.10 Frankreich: Energiefluss im Energiesektor von der Primärenergie zur Endenergie und CO_2-Ausstoss. Die Energieträgerfarben sind wie in Abb. 2.7 und 2.9 (aber Erdöl dunkelbraun, Erdölprodukte hellbraun)

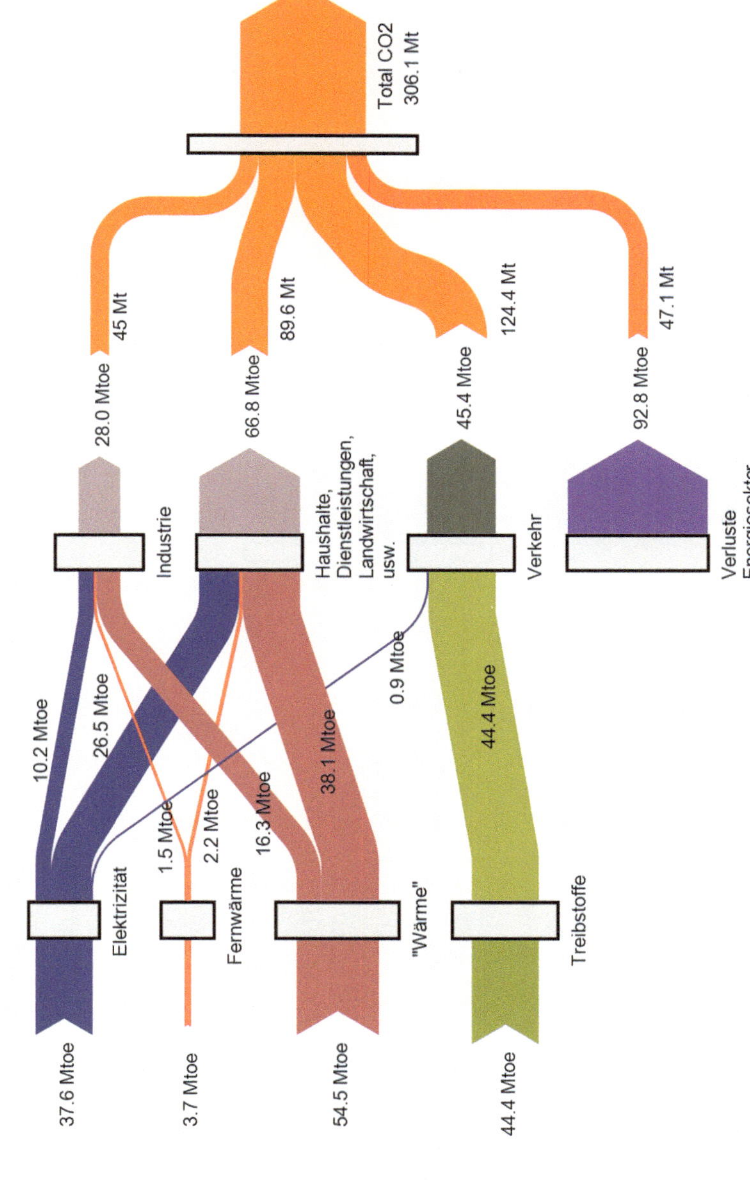

Abb. 4.11 Frankreich: Energiefluss der Endenergie zu den Endverbrauchern und zugeordnete CO_2-Emissionen

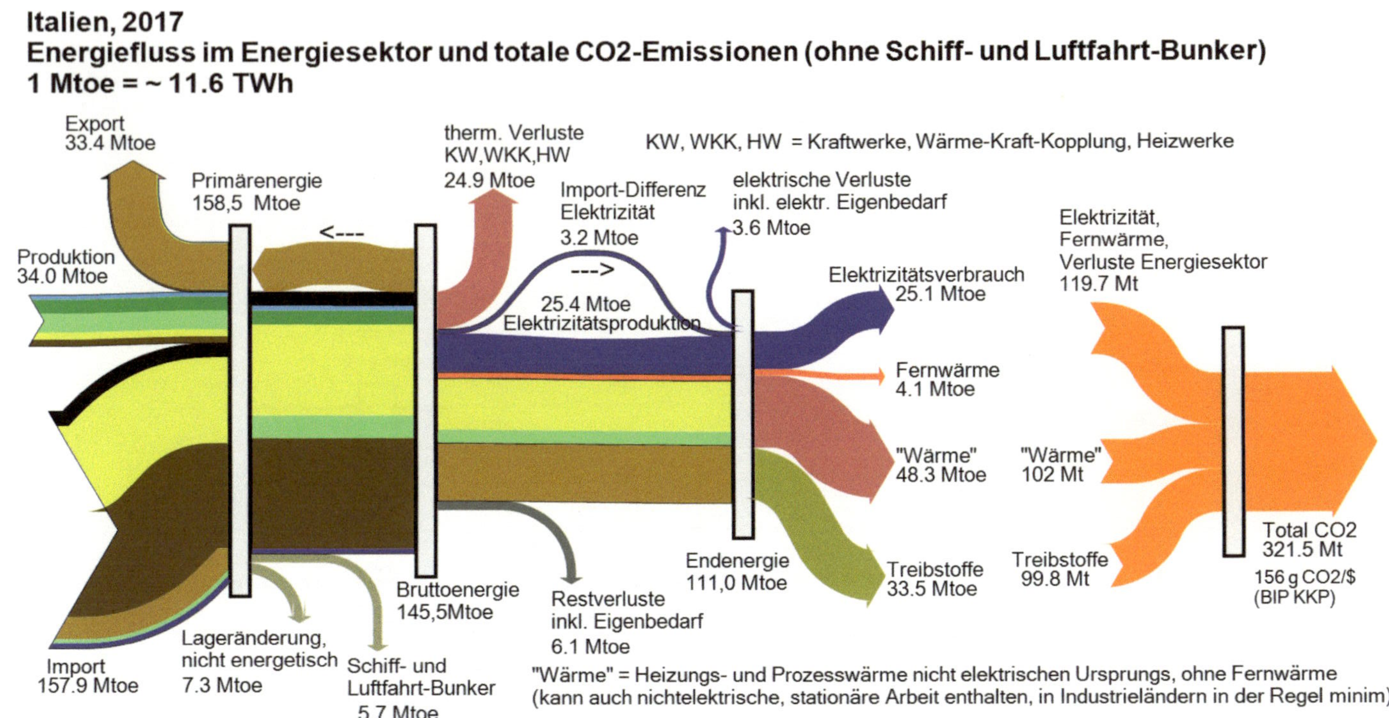

Abb. 4.12 Italien: Energiefluss im Energiesektor von der Primärenergie zur Endenergie und CO$_2$-Ausstoss. Die Energieträgerfarben sind wie in Abb. 2.7 und 2.9 (aber Erdöl dunkelbraun, Erdölprodukte hellbraun)

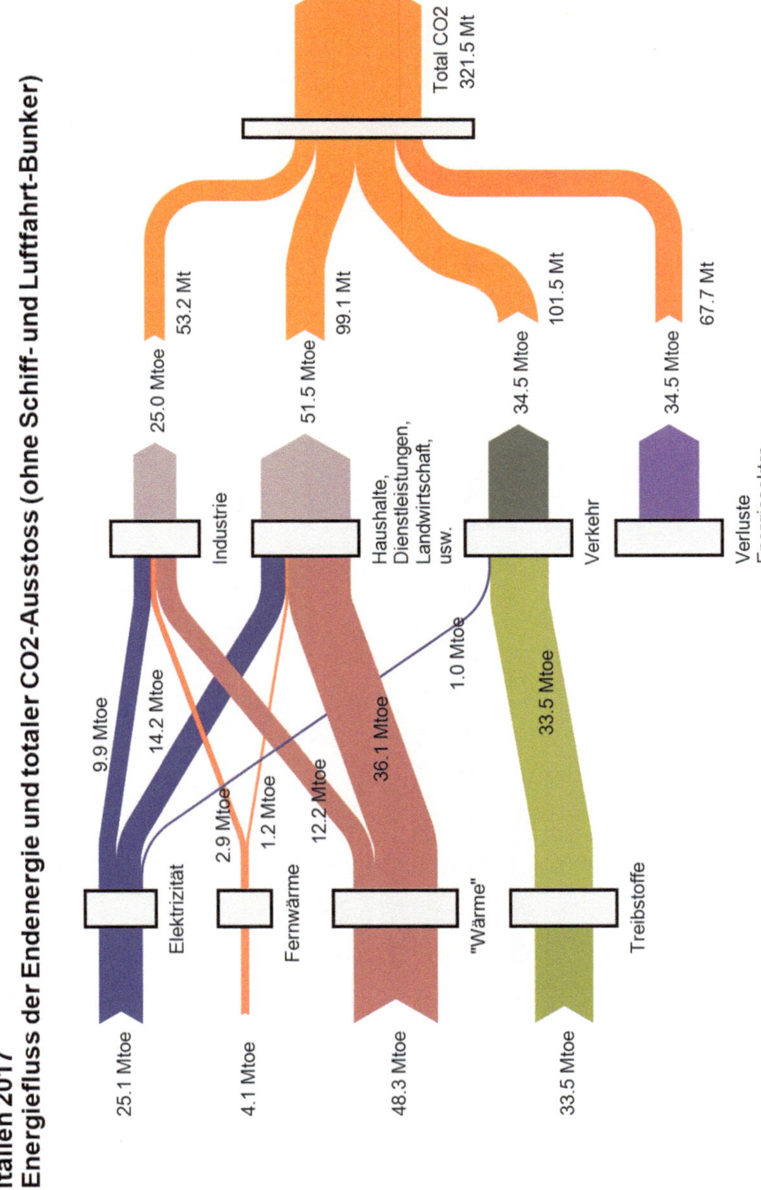

Abb. 4.13 Italien: Energiefluss der Endenergie zu den Endverbrauchern und zugeordnete CO_2-Emissionen

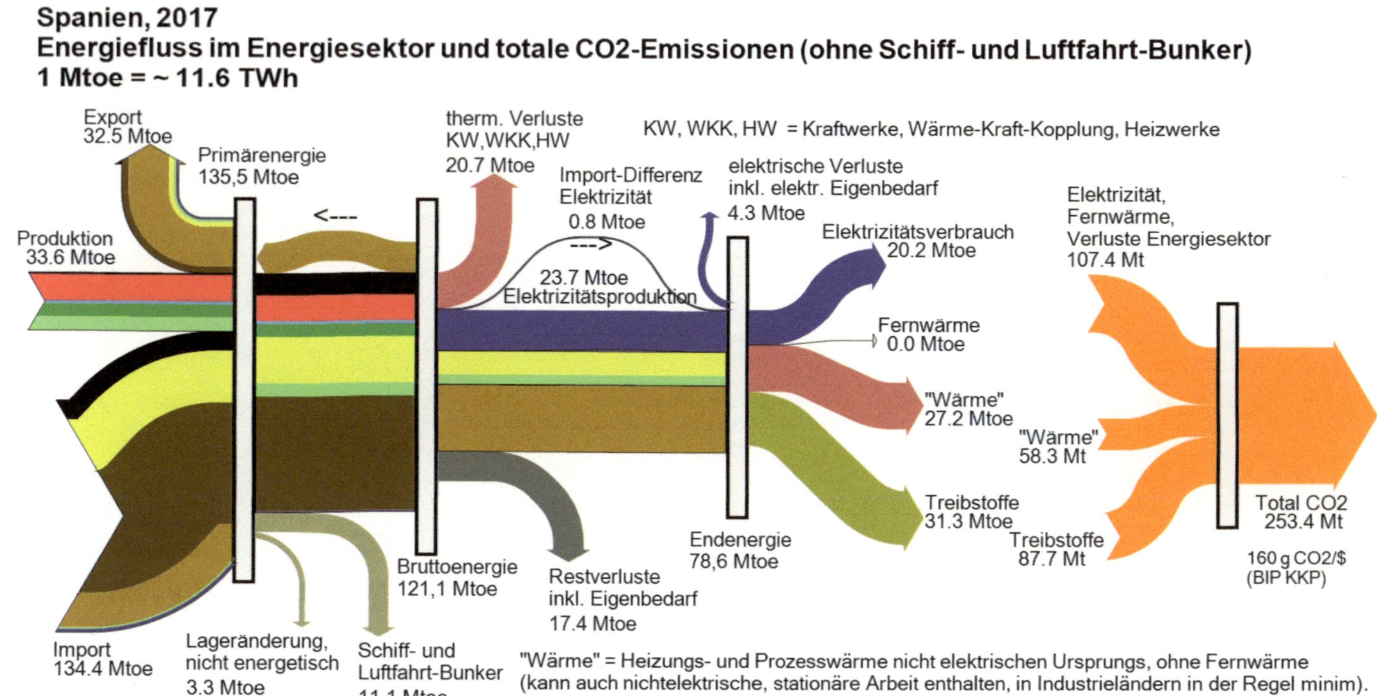

Abb. 4.14 Spanien: Energiefluss im Energiesektor von der Primärenergie zur Endenergie und CO_2-Ausstoss. Die Energieträgerfarben sind wie in Abb. 2.7 und 2.9 (aber Erdöl dunkelbraun, Erdölprodukte hellbraun)

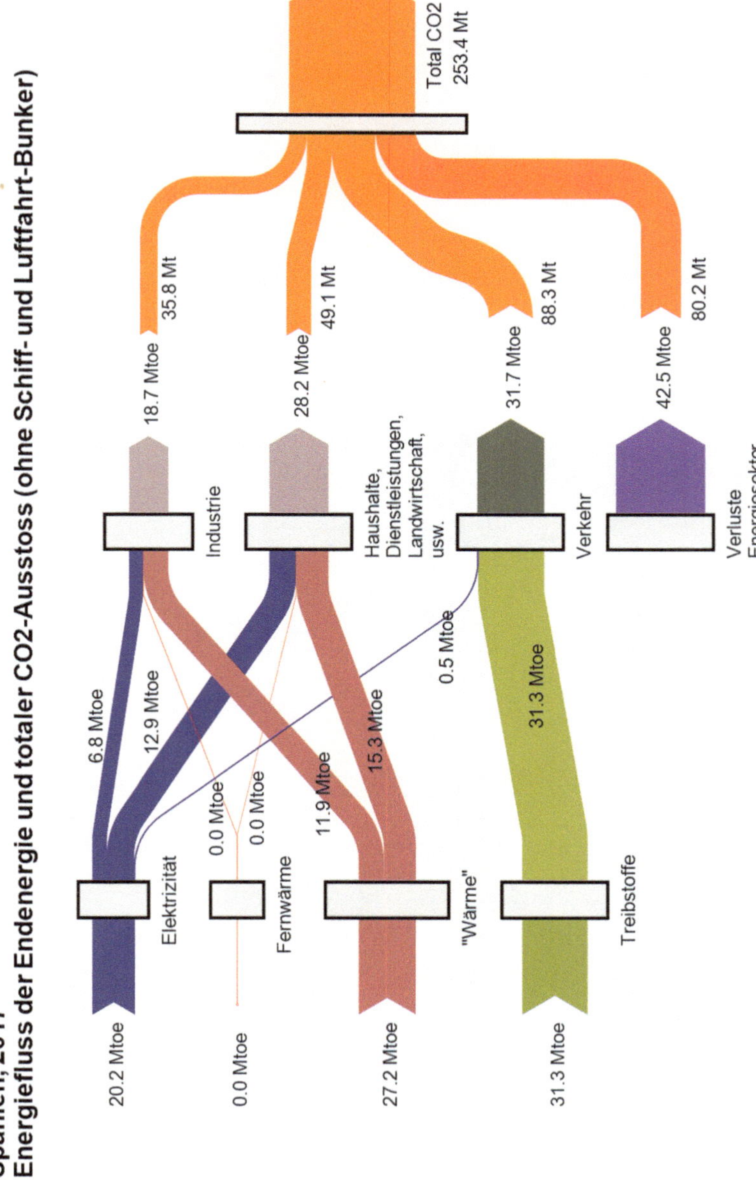

Abb. 4.15 Spanien: Energiefluss der Endenergie zu den Endverbrauchern und zugeordnete CO_2-Emissionen

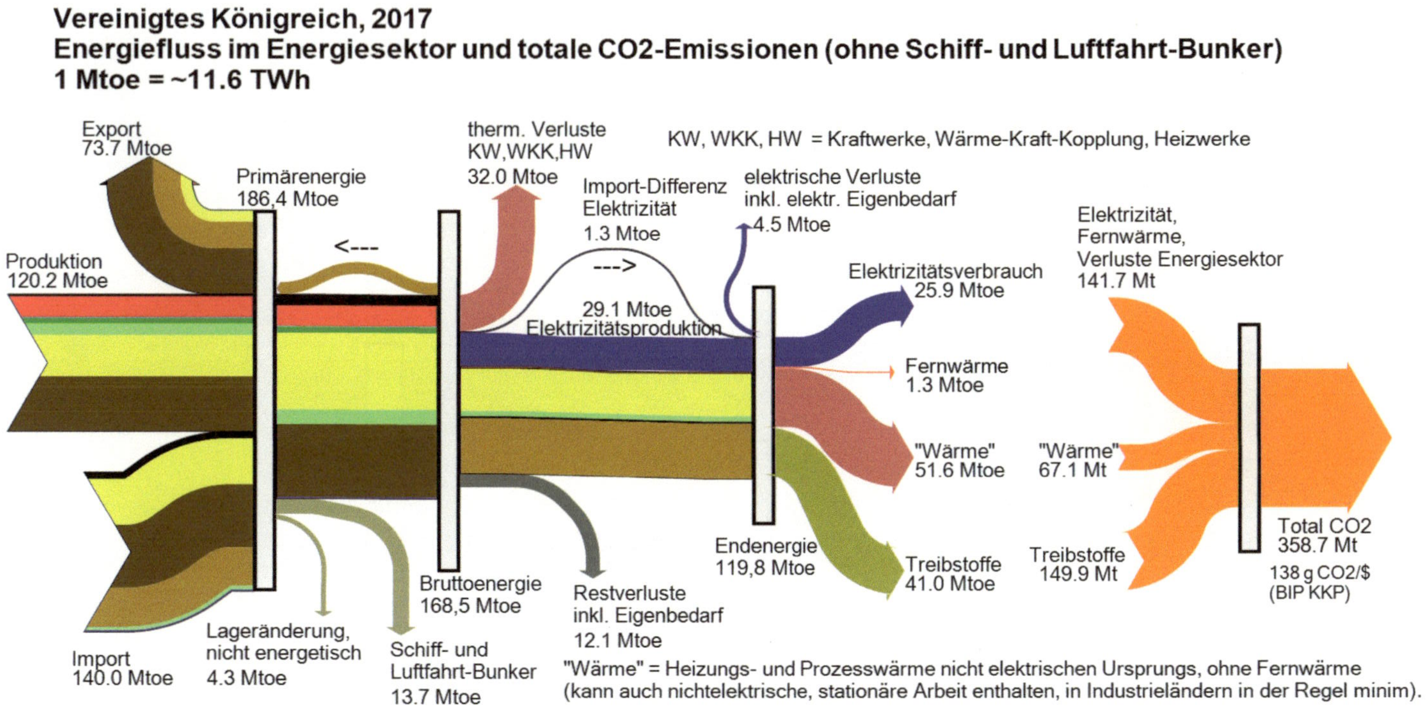

Abb. 4.16   Vereinigtes Königreich: Energiefluss im Energiesektor von der Primärenergie zur Endenergie und CO_2-Ausstoss. Die Energieträgerfarben sind wie in Abb. 2.7 und 2.9 (aber Erdöl dunkelbraun, Erdölprodukte hellbraun)

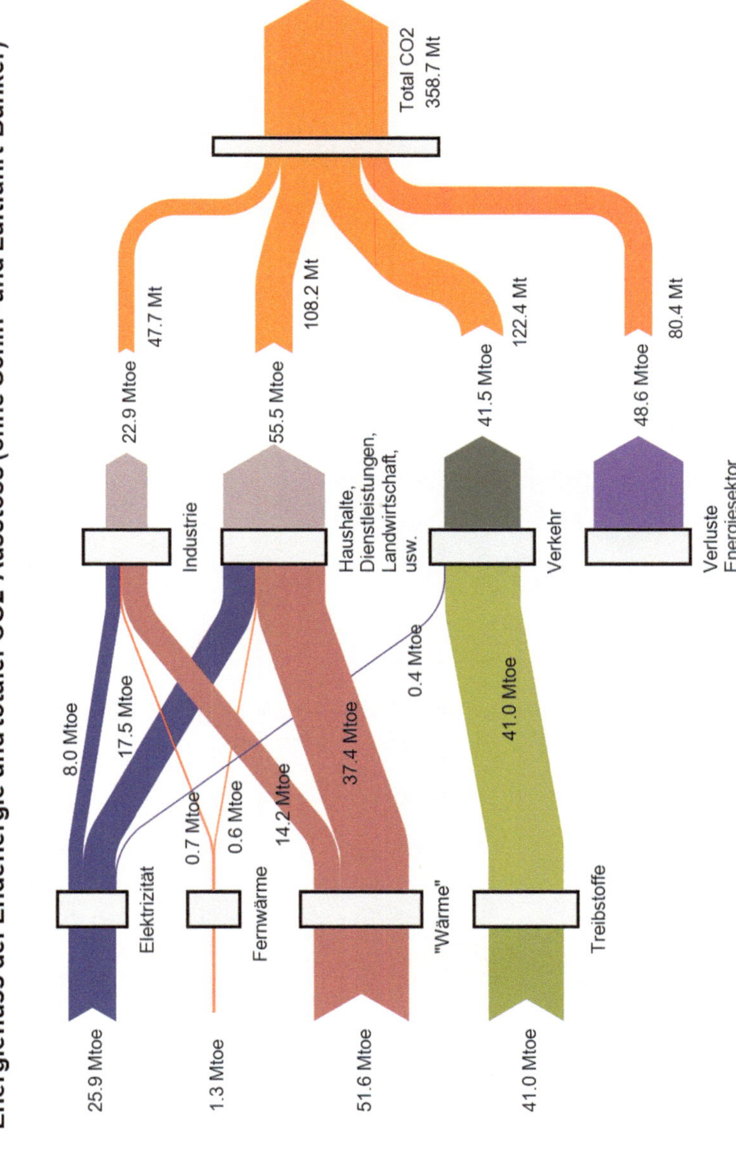

Abb. 4.17   Vereinigtes Königreich: Energiefluss der Endenergie zu den Endverbrauchern und zugeordnete CO_2-Emissionen

4.2.5   Elektrizitätsproduktion und -verbrauch in Frankreich, Italien, Spanien und im Vereinigten Königreich

Siehe Abb. 4.18, 4.19, 4.20 und 4.21.

Kommentar zu Frankreich

Mit 121 g CO_2/$ (Abb. 4.10) hat Frankreich (nach Schweiz, Schweden, Norwegen, und Irland) in Westeuropa den fünftbesten Index der CO_2-Nachhaltigkeit (Abb. 2.24), dank der vorwiegend mit Kernenergie und Wasserkraft erzeugten Elektrizität (Abb. 4.18). Weitere Verbesserungen sind durch Eliminierung des Kohleanteils möglich. Frankreich ist Exporteur von Elektrizität. Durch Windenergie und Photovoltaik könnte der Kernenergieanteil etwas verringert werden. Durch eine, im Falle Frankreichs sehr sinnvolle, rasche Elektrifizierung des Verkehrs und Reduzierung der CO_2-Intensität des

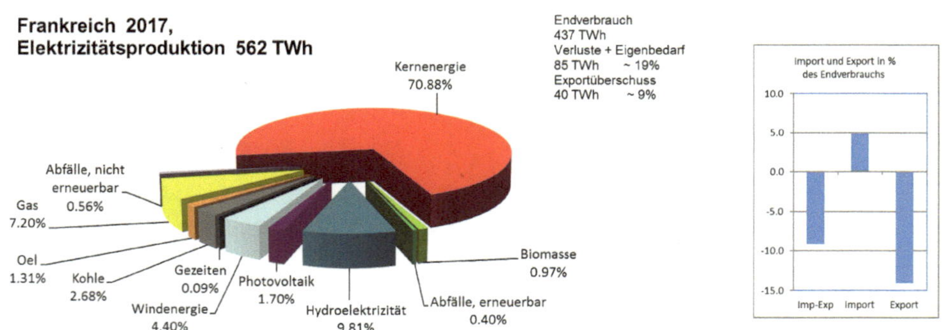

Abb. 4.18   Frankreich: Elektrizitätsproduktion und -Verbrauch, Import/Export-Bilanz Anteil der CO_2-armen Elektrizitätsproduktion: 88 %, wovon 17 % erneuerbar

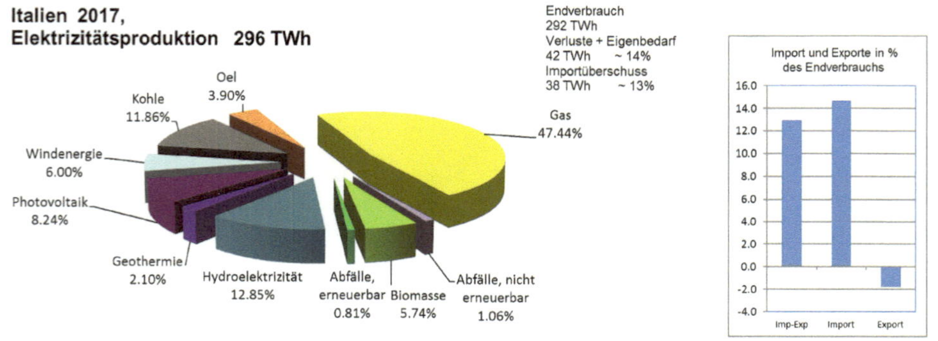

Abb. 4.19   Italien: Elektrizitätsproduktion und -Verbrauch, Import/Export-Bilanz Anteil der CO_2-armen Elektrizitätsproduktion: 36 %, alles erneuerbar

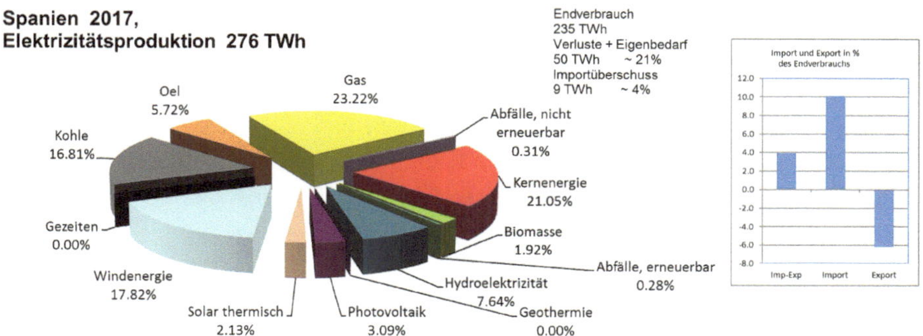

Abb. 4.20 Spanien: Elektrizitätsproduktion und -Verbrauch, Import/Export-Bilanz Anteil der CO_2-armen Elektrizitätsproduktion: 54 %, wovon 33 % erneuerbar

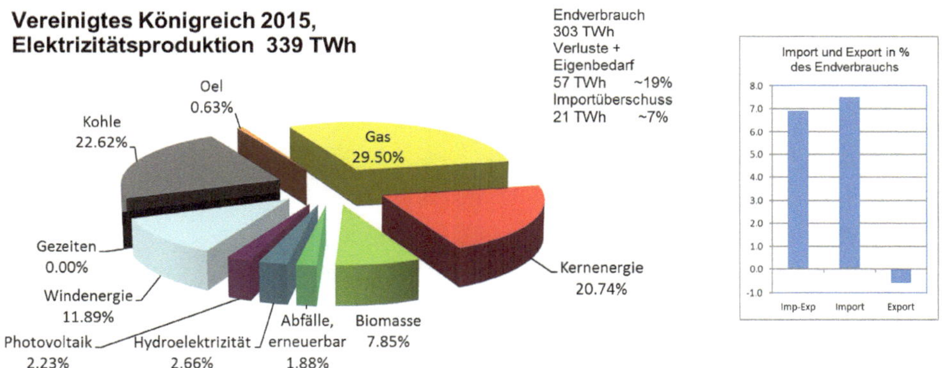

Abb. 4.21 Vereinigtes Königreich: Elektrizitätsproduktion und -Verbrauch, Import/Export-Bilanz Anteil der CO_2-armen Elektrizitätsproduktion: 51 %, wovon 30 % erneuerbar

Wärmeanteils (s. Bemerkungen in Abschn. 4.4), sind die besten Voraussetzungen gegeben, um die Klimaziele zu erreichen und zu unterschreiten.

Kommentar zu Italien

Die CO_2-Nachhaltigkeit Italiens liegt mit 156 g CO_2/$ (Abb. 3.12) im Mittelfeld Westeuropas (Abb. 2.24), und ist somit weltweit gesehen recht fortschrittlich. Notwendig sind eine Verstärkung der Elektrizitätserzeugung (weniger Importe) und der Ersatz des Kohleanteils durch den weiteren Ausbau der erneuerbaren Energien (Abb. 4.19). Damit wird auch die Elektrifizierungsschwelle für den Verkehr erreicht. Zur Reduktion der CO_2-Intensität im Wärmebereich vor allem im Haushaltbereich s. die allgemeinen Bemerkungen in Abschn. 4.4.

Kommentar zu Spanien

Bezüglich CO_2-Nachhaltigkeit liegt Spanien mit 160 g CO_2/\$, wie Italien, im Mittelfeld (Abb. 2.24). Die CO_2-arme Elektrizitätsproduktion beträgt bereits 54 % und kann durch den weiteren Ausbau erneuerbarer Energien und Eliminierung des Kohleanteils weiter verbessert werden (Abb. 4.20). Die Klimaziele sind somit, auch dank der Hinausschiebung der Abschaltung von Kernkraftwerken, in greifbarer Nähe.

Kommentar zum Vereinigten Königreich

Die CO_2-Nachhaltigkeit des Vereinigten Königreichs liegt mit 138 g CO_2/\$ (Abb. 3.16) im besseren Mittelfeld Westeuropas (Abb. 2.24). Durch Eliminierung des Kohle-Anteils und Verstärkung von Kernenergie und Windenergie bei der Elektrizitätsproduktion können die Klimaziele gut erreicht werden. Auch eine starke Elektrifizierung des Verkehrsbereichs wird dann sinnvoll. Zur Reduktion der CO_2-Intensität im Wärmebereich vor allem im Haushaltbereich s. die allgemeinen Bemerkungen in Abschn. 4.4.

4.3 Polen, Türkei und Russland

4.3.1 Energieflüsse in Polen

Siehe Abb. 4.22 und 4.23.

4.3.2 Energieflüsse in der Türkei

Siehe Abb. 4.24 und 4.25.

4.3.3 Energieflüsse in Russland

Siehe Abb. 4.26 und 4.27.

4.3.4 Elektrizitätsproduktion und -verbrauch in Polen, in der Türkei und in Russland

Siehe Abb. 4.28, 4.29, und 4.30.

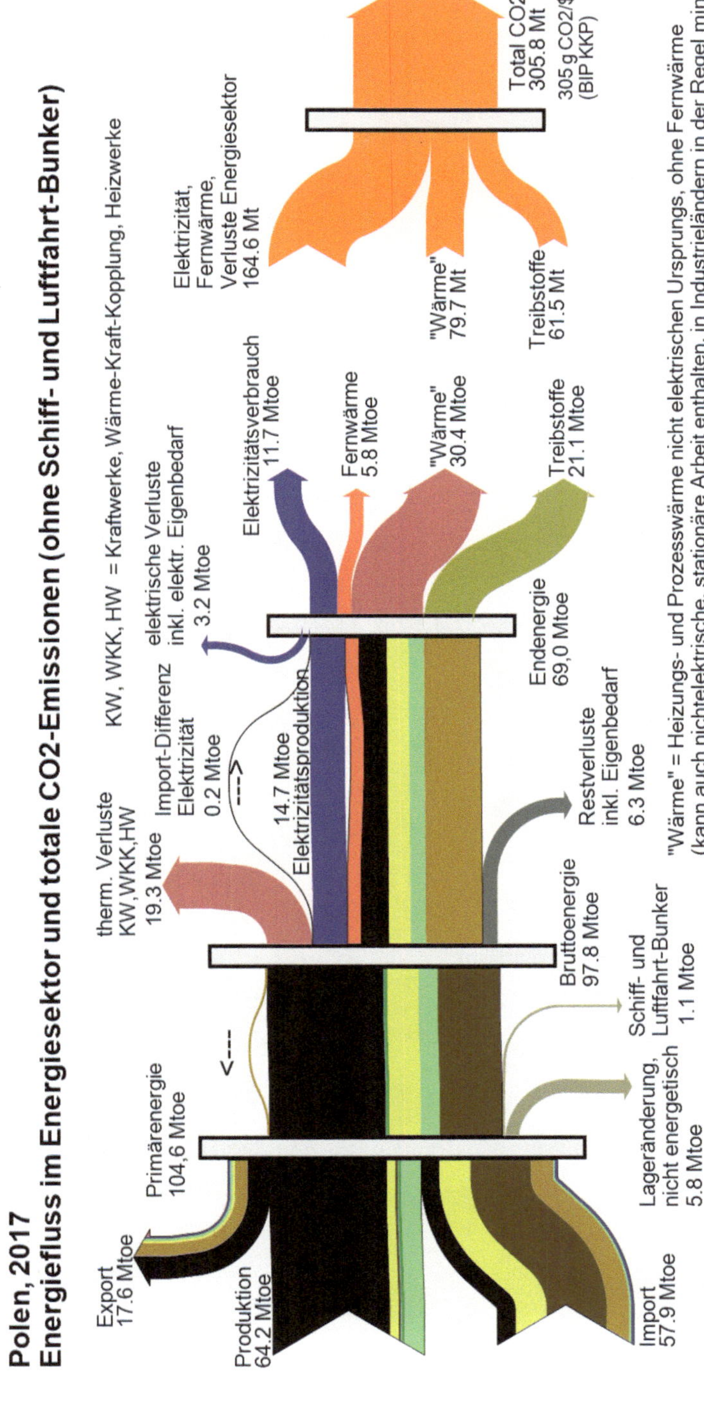

Abb. 4.22 Polen: Energiefluss im Energiesektor von der Primärenergie zur Endenergie und CO_2-Ausstoss. Die Energieträgerfarben sind wie in Abb. 2.7 und 2.9 (aber Erdöl dunkelbraun, Erdölprodukte hellbraun)

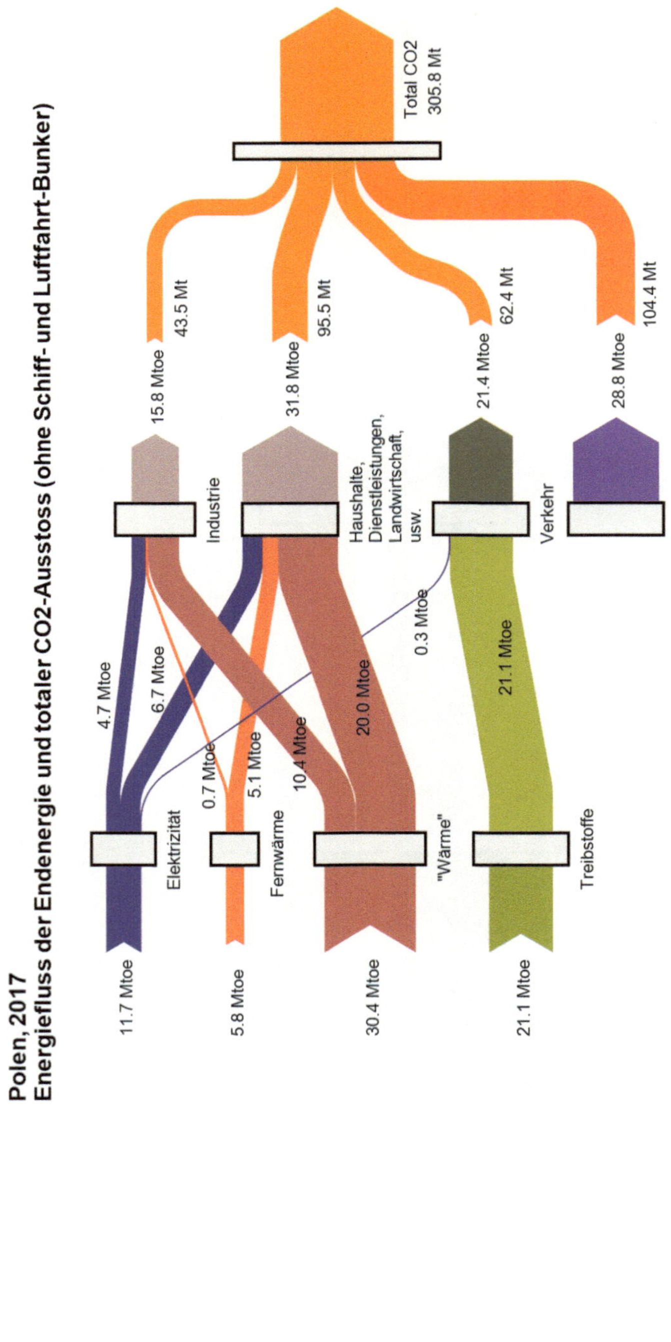

Abb. 4.23 Polen: Energiefluss der Endenergie zu den Endverbrauchern und zugeordnete CO_2-Emissionen

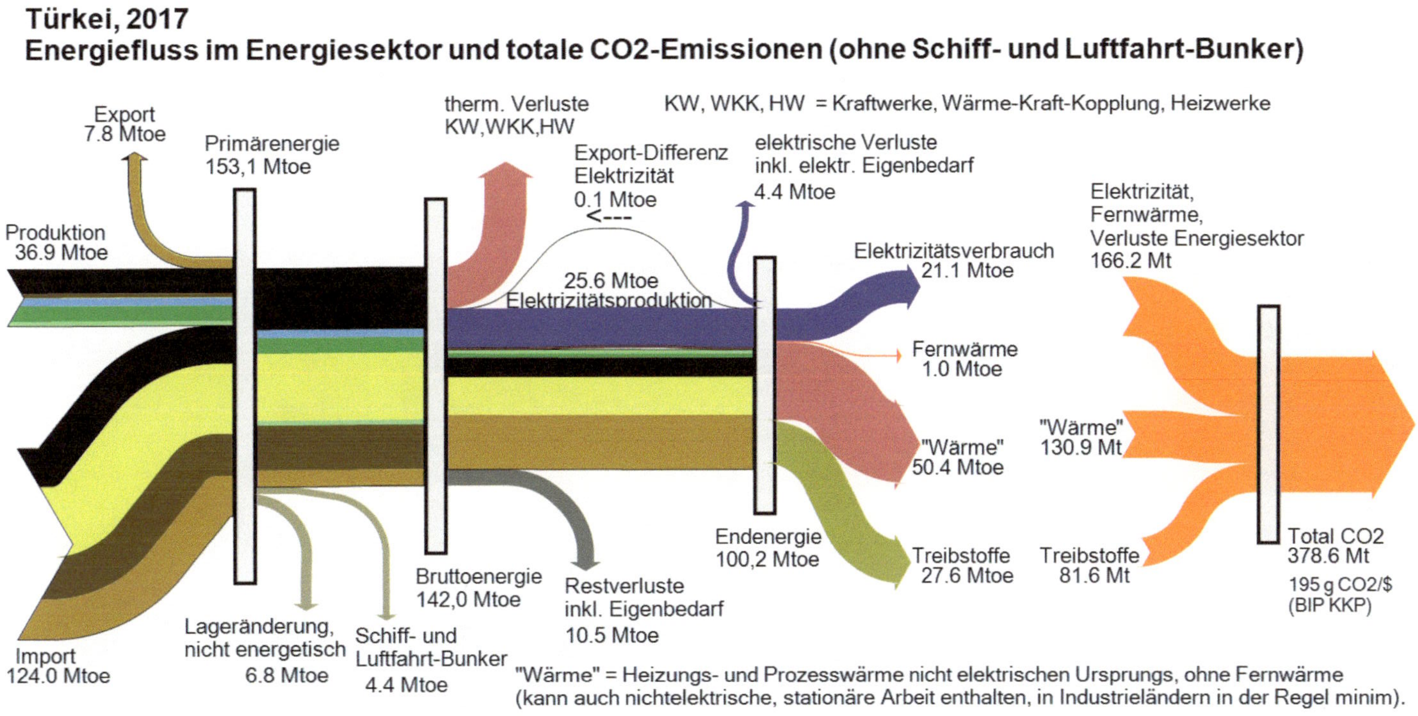

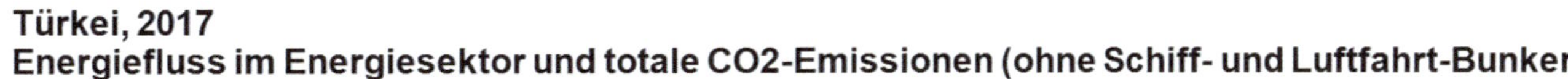

Abb. 4.24 Türkei: Energiefluss im Energiesektor von der Primärenergie zur Endenergie und CO_2-Ausstoss. Die Energieträgerfarben sind wie in Abb. 2.7 und 2.9 (aber Erdöl dunkelbraun, Erdölprodukte hellbraun)

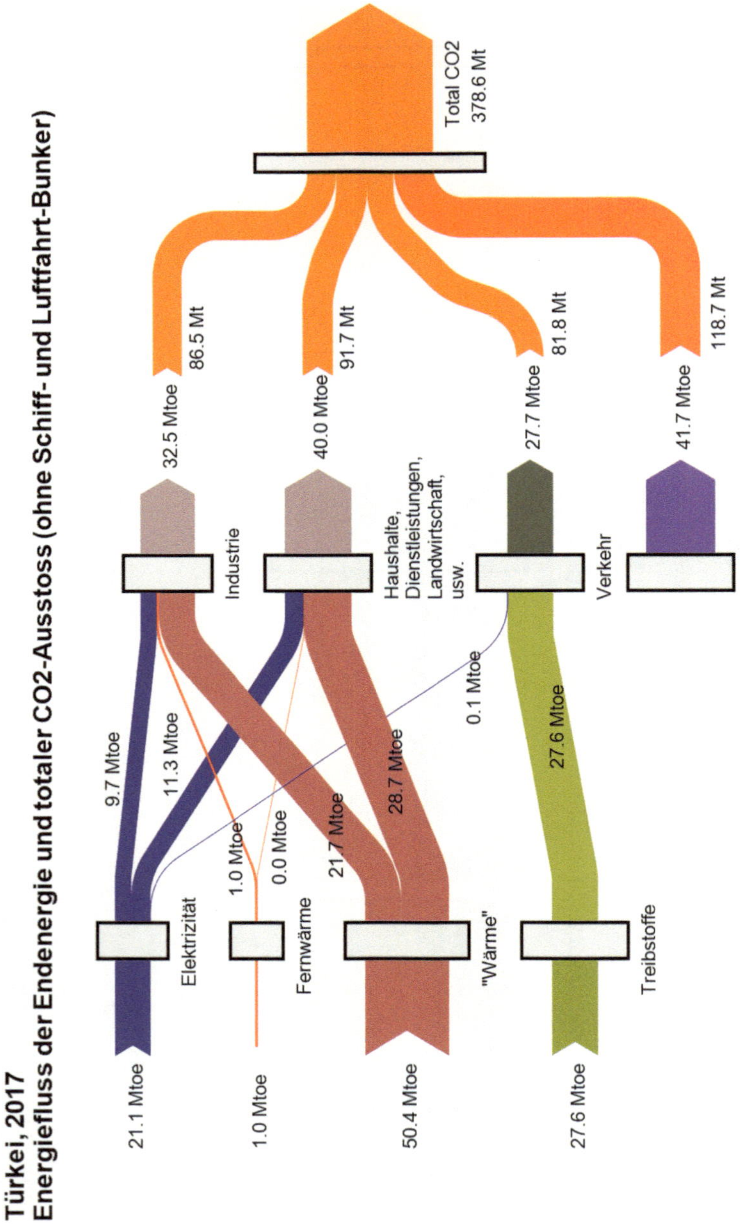

Abb. 4.25 Türkei: Energiefluss der Endenergie zu den Endverbrauchern und zugeordnete CO_2-Emissionen

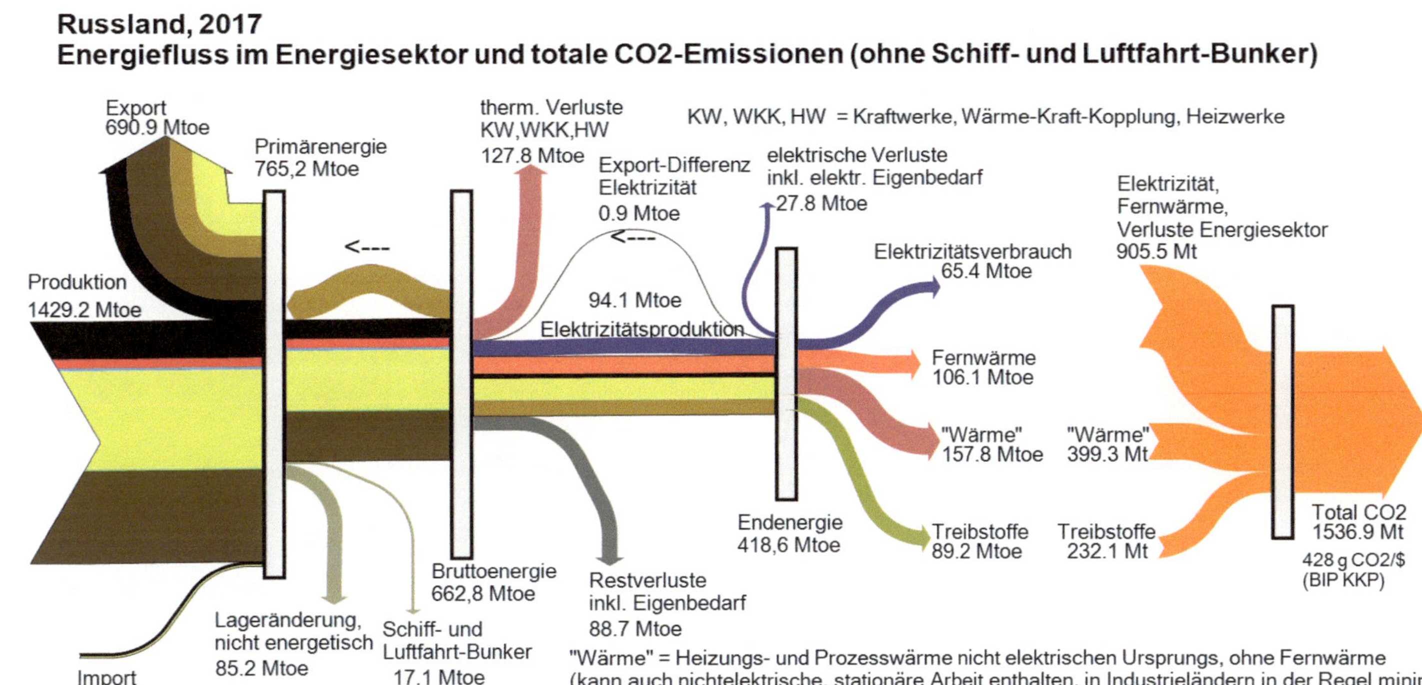

Abb. 4.26 Russland: Energiefluss im Energiesektor von der Primärenergie zur Endenergie und CO_2-Ausstoss. Die Energieträgerfarben sind wie in Abb. 2.7 und 2.9 (aber Erdöl dunkelbraun, Erdölprodukte hellbraun). CO_2-Intensitäten gemäß untenstehender Tabelle

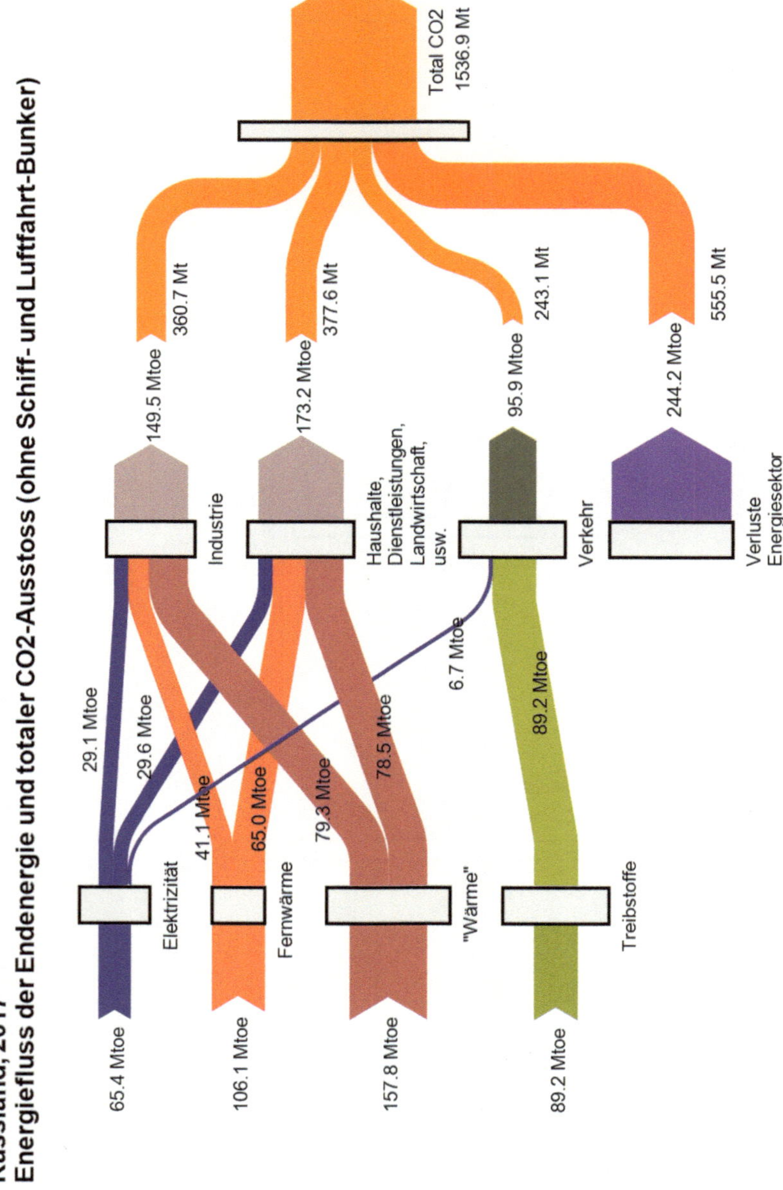

Abb. 4.27 Russland: Energiefluss der Endenergie zu den Endverbrauchern und zugeordnete CO_2-Emissionen

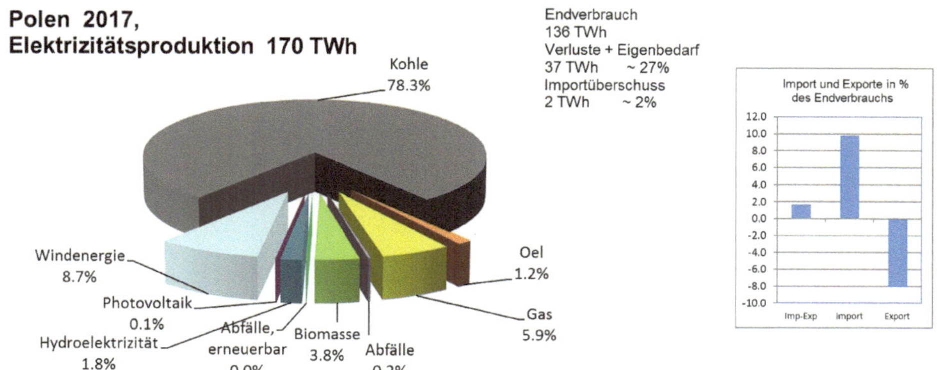

Abb. 4.28 Polen: Elektrizitätsproduktion und -Verbrauch, Import/Export-Bilanz Anteil der CO_2-armen Elektrizitätsproduktion: 14 %, alles erneuerbar

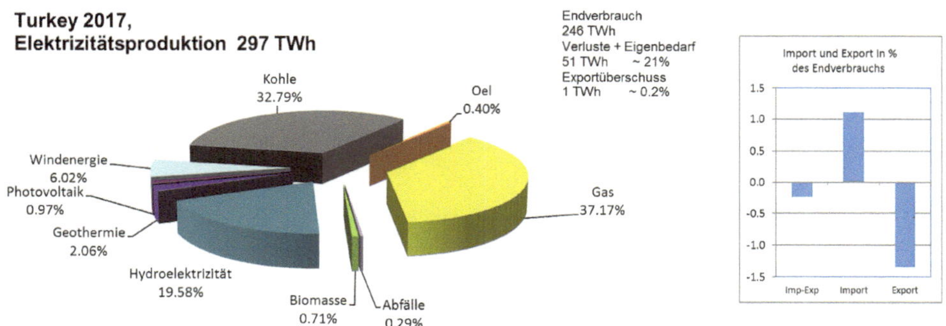

Abb. 4.29 Türkei: Elektrizitätsproduktion und -Verbrauch, Import/Export-Bilanz Anteil der CO_2-armen Elektrizitätsproduktion: 29 %, alles erneuerbar

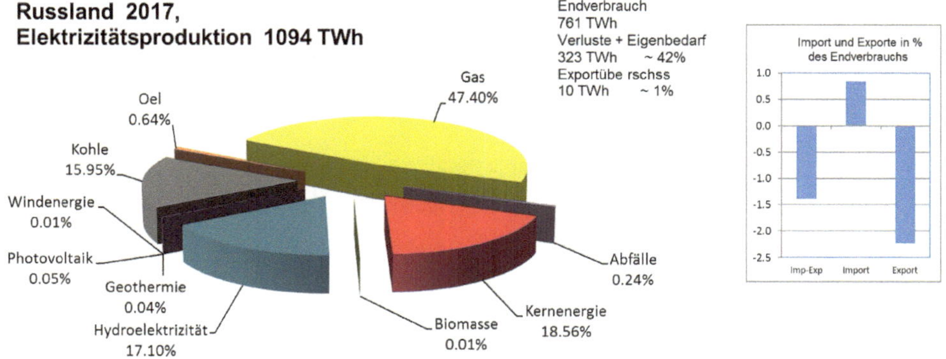

Abb. 4.30 Russland: Elektrizitätsproduktion und -Verbrauch, Import/Export-Bilanz Anteil der CO_2-armen Elektrizitätsproduktion: 36 %, wovon 17 % erneuerbar

4.3.5   Fernwärmeproduktion und -verbrauch in Polen und in Russland

Vor allem in Russland aber auch in Polen ist der Anteil der Fernwärme am Wärmeverbrauch erheblich. Die Abb. 4.31 und 4.32 veranschaulichen die Energieträgeranteile zur Fernwärmeproduktion in diesen zwei Ländern. Eine Abkehr von der Kohle und/oder Einsatz von CCS (Carbon Capture and Storage) würde die entsprechenden CO_2-Intensitäten deutlich senken.

Kommentar zu Polen

Polen weist mit 269 g CO_2/kWh die zweitschlechteste CO_2-Intensität Osteuropas auf (Abb. 2.22), was zu einem ungenügenden Nachhaltigkeitsindikator von 306 g CO_2/\$

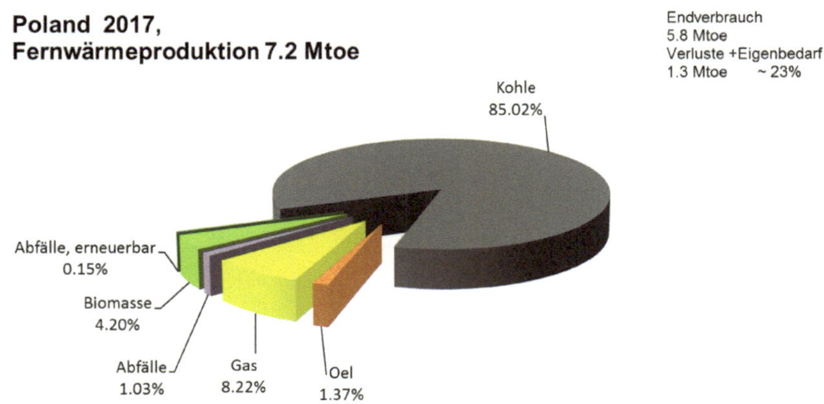

Abb. 4.31   Polen: Fernwärmeproduktion und -Verbrauch. Anteil der CO_2-armen Produktion 4 %

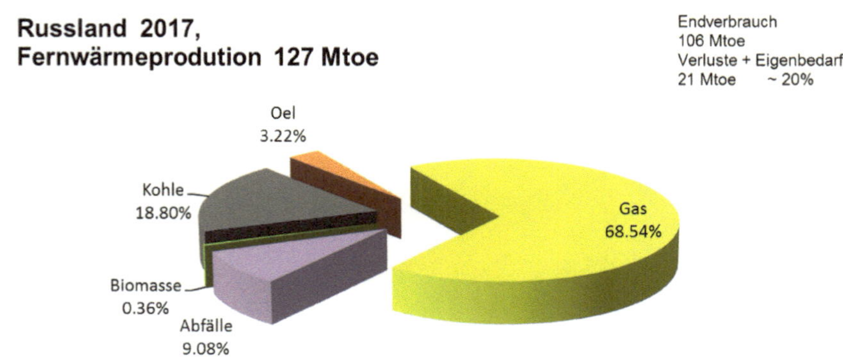

Abb. 4.32   Russland: Fernwärmeproduktion und -Verbrauch. Anteil der CO_2-armen Produktion 1 %

führt, der sich zudem seit 2015 verschlechtert hat. Der Energiesektor ist mit 54 % an den CO_2-Emissionen beteiligt (Abb. 4.22 und 4.23).

Hauptproblem ist die von der Kohle völlig abhängige Elektrizitätsproduktion. Der Anteil der CO_2-armen Erzeugung ist lediglich 14 % (Abb. 4.28). Da die Kohleindustrie eine Stütze der polnischen Wirtschaft darstellt, ist die Umstellung schwierig, Ein tragbarer Ausweg könnten die Vergasung und die CCS (Carbon Capture and Storage) sowie mittelfristig die erneuerbaren Energien und die Kernenergie bieten.

Kommentar zur Türkei

Der Indikator der CO_2-Nachhaltigkeit liegt mit 195 g CO_2/\$ deutlich unter dem Mittel Osteuropas, aber über jenem Westeuropas. Allerdings hat er sich seit 2015 um 14 g CO_2/\$ erhöht.

Fundamental für Fortschritte ist die Verbesserung im Energiesektor, welcher für 44 % der Emissionen verantwortlich ist (Abb. 3.24 und 3.25). Der Anteil der CO_2-armen Elektrizitätsproduktion beträgt 29 % und muss deutlich verbessert werden, durch Reduktion des Kohle- und wenn möglich auch des Gasanteils (Abb. 3.28) sowie Ersatz mittels erneuerbaren Energien und eventuell auch Kernenergie.

Für die Verbesserung im Wärme- und Verkehrsbereich s. Abschn. 4.4.

Kommentar zu Russland

Der Indikator der CO_2-Nachhaltigkeit ist mit 428 g CO_2/\$ extrem hoch und wird im Rahmen der G-20 nur von China und Südafrika übertroffen. Wesentlicher Grund ist die sehr schlechte Energieeffizienz (Energieintensität höher als 2 kWh/\$, zu niedrige Energiepreise). Positiv zu bewerten sind die Fortschritte seit 2000 (Abb. 2.26), die fortzusetzen sind. Seit 2015 hat sich der Index allerdings um 10 g CO_2/\$ erhöht.

Für die notwendige Verbesserung im Wärme- und Verkehrsbereich s Abschn. 4.4.

Die weitere notwendige Verbesserung im Energiesektor, der nahezu zwei Drittel der Bruttoenergie beansprucht, erfordert:

- die Reduktion der hohen Eigenverluste im Elektrizitätsbereich, sowie Fernwärmebereich (Abb. 4.26 und 4.27).
- eine CO_2-ärmere Elektrizitäts- und Fernwärmeproduktion durch Reduktion der fossilen Anteile, vor allem Eliminierung des Kohle-Anteils (Abb. 4.30 und 4.32), evtl. CCS und mehr Kernenergie.

4.4 Indikatoren wichtiger Länder des Kontinents für 2017 und Kommentare

Die Tab. 4.1, 4.2 und 4.3 geben die **Energieintensität** und die **Emissionen pro Kopf** sowie die detaillierten Werte der **CO_2-Intensitäten der Endenergien und der Endverbraucher** für die Schweiz, Österreich und die demographisch gewichtigsten Länder von Europa/Eurasien. Die Werte ergeben sich aus den Energiefluss-Diagrammen der Abschn. 4.1–4.3.

Dazu folgende Kommentare:

- Die CO_2-Intensität (g CO_2/kWh) des **Energiesektors** wird stark vom Grad der **CO_2-Freiheit der Elektrizitätserzeugung** beeinflusst. Gute oder relativ gute Werte (<150) weisen lediglich Frankreich, das Vereinigte Königreich und Spanien auf (sowie die Schweiz und Österreich). Eine CO_2-arme Elektrizitätserzeugung ist, neben der Verminderung der Energieintensität, der entscheidende Faktor zur Verbesserung der CO_2-Nachhaltigkeit (g CO_2/$) und Erreichung der Klimaziele.

- In der Schweiz und Frankreich liegt die **CO_2-Intensität des Energiesektors** (wie erwähnt weitgehend von jener der Elektrizität bestimmt) bei deutlich weniger als 20 % derjenigen des **Verkehrssektors** (in Spanien, das Vereinigte Königreich und Italien bei etwa 60 % oder knapp darüber). Eine generelle **Elektrifizierung** des Verkehrs (Bahnen, Elektro- und Hybridautos) ist unter 60 % sehr wirksam und trägt empfindlich zur Verbesserung der CO_2-Intensität und somit der CO_2-Nachhaltigkeit bei. Der Elektrizitätsbedarf nimmt dadurch tendenziell zu.

Tab. 4.1 Schweiz 2017 (Energieintensität 0,58 kWh/$, Emissionen 4,4 t CO_2/Kopf)

Energie (Abb. 4.1)	g CO_2/ kWh	Endverbraucher (Abb. 4.2)	g CO_2/kWh
Wärme (ohne Elektr.)	217	Industrie	100
Treibstoffe	287	Haushalte etc.	140
Energiesektor	9	Verkehr	273
Total Bruttoenergie	**138**	Verluste Energiesektor	9

Tab. 4.2 Österreich 2017 (Energieintensität 0,95 kWh/$, Emissionen 7,4 t CO_2/Kopf)

Energie (Abb. 4.3)	g CO_2/ kWh	Endverbraucher (Abb. 4.4)	g CO_2/kWh
Wärme (ohne Elektr.)	157	Industrie	127
Treibstoffe	260	Haushalte etc.	118
Energiesektor	134	Verkehr	253
Total Bruttoenergie	**175**	Verluste Energiesektor	215

Tab. 4.3 Energieintensität, Emissionen pro Kopf und CO_2-Intensitäten der Energie (letztere detailliert pro Endenergie und Endverbraucher) für die bevölkerungsreichsten und somit einflussreichsten Länder von Europa und Eurasien

Deutschland 2017 (Energieintensität 0,90 kWh/\$, Emissionen 8,7 t CO_2/Kopf)

Energieart (Abb. 4.5)	g CO_2/kWh	Endverbraucher (Abb. 4.6)	g CO_2/kWh
Wärme (ohne Elektr.)	198	Industrie	195
Treibstoffe	252	Haushalte etc.	185
Energiesektor	211	Verkehr	251
Total Bruttoenergie	**215**	Verluste Energiesektor	236

Frankreich 2017 (Energieintensität 1,07 kWh/\$, Emissionen 4,6 t CO_2/Kopf)

Energieart (Abb. 4.10)	g CO_2/kWh	Endverbraucher (Abb. 4.11)	g CO_2/kWh
Wärme (ohne Elektr.)	188	Industrie	139
Treibstoffe	241	Haushalte etc.	116
Energiesektor	41	Verkehr	236
Total Bruttoenergie	**113**	Verluste Energiesektor	44

Vereinigtes Königreich 2017 (Energieintensität 0,75 kWh/\$, Emissionen 5,4 t CO_2/Kopf)

Energieart (Abb. 4.16)	g CO_2/ kWh	Endverbraucher (Abb. 4.17)	g CO_2/kWh
Wärme (ohne Elektr.)	203	Industrie	180
Treibstoffe	256	Haushalte etc.	168
Energiesektor	131	Verkehr	255
Total Bruttoenergie	**184**	Verluste Energiesektor	143

Italien 2017 (Energieintensität 0,82 kWh/\$, Emissionen 5,3 t CO_2/Kopf)

Energieart (Abb. 4.12)	g CO_2/kWh	Endverbraucher (Abb. 4.13)	g CO_2/kWh
Wärme (ohne Elektr.)	182	Industrie	183
Treibstoffe	256	Haushalte etc.	166
Energiesektor	162	Verkehr	253
Total Bruttoenergie	**190**	Verluste Energiesektor	169

Spanien 2017 (Energieintensität 0,89 kWh/\$, Emissionen 5,5 t CO_2/Kopf)

Energieart (Abb. 4.14)	g CO_2/kWh	Endverbraucher (Abb. 4.15)	g CO_2/kWh
Wärme (ohne Elektr.)	185	Industrie	165
Treibstoffe	242	Haushalte etc.	150
Energiesektor	148	Verkehr	240
Total Bruttoenergie	**180**	Verluste Energiesektor	163

Polen 2017 (Energieintensität 1,13 kWh/\$, Emissionen 8,0 t CO_2/Kopf)

Energieart (Abb. 4.22)	g CO_2/kWh	Endverbraucher (Abb. 4.23)	g CO_2 / kWh
Wärme (ohne Elektr.)	226	Industrie	237
Treibstoffe	251	Haushalte etc.	259
Energiesektor	307	Verkehr	251
Total Bruttoenergie	**270**	Verluste Energiesektor	313

(Fortsetzung)

Tab. 4.3 (Fortsetzung)

Türkei 2017 (Energieintensität 0,85 kWh/\$, Emissionen 4,7 t CO_2/Kopf)

Energieart (Abb. 4.24)	g CO_2/kWh	Endverbraucher (Abb. 4.25)	g CO_2/kWh
Wärme (ohne Elektr.)	224	Industrie	229
Treibstoffe	255	Haushalte etc.	198
Energiesektor	224	Verkehr	254
Total Bruttoenergie	**230**	Verluste Energiesektor	245

Russland 2017 (Energieintensität 2,15 kWh/\$, Emissionen 10,6 t CO_2/Kopf)

Energieart (Abb. 4.26)	g CO_2/kWh	Endverbraucher (Abb. 4.27)	g CO_2/kWh
Wärme (ohne Elektr.)	218	Industrie	208
Treibstoffe	224	Haushalte etc.	188
Energiesektor	188	Verkehr	219
Total Bruttoenergie	**200**	Verluste Energiesektor	196

- Der Einsatz von **Wärmepumpen** ist allgemein sehr sinnvoll, da der Anteil an CO_2-freier Umweltenergie meistens bei etwa 75 % liegt. Somit helfen Wärmepumpen die CO_2-Intensität des Wärmebereichs selbst dann zu reduzieren, wenn die CO_2-Intensität des Energiesektors (Elektrizität) gleich oder sogar über derjenigen des Wärmesektors liegt (wie in Deutschland, Polen und der Türkei). Der Elektrizitätsbedarf wird durch Wärmepumpen ebenfalls erhöht.

- Aber nicht weniger Elektrizität, sondern die **CO_2-Freiheit der Elektrizität** ist der wichtigste Faktor für die Erreichung der Klimaziele.

- Die **Energieintensität, die von der Effizienz des Energieeinsatzes abhängt,** ist trotzdem ein wichtiger Faktor. Hier hat vor allem Russland (mit einem Wert über 2 kWh/\$) einen erheblichen Nachholbedarf. Zur Erfüllung der Klimaziele sind für den eurasischen Kontinent insgesamt bis 2050 Werte deutlich unter 1 kWh/\$ notwendig. (s. die Abb. 3.16).

- Der **Indikator der CO_2-Nachhaltigkeit** (g CO_2/\$) ist das Produkt von Energieintensität und CO_2-Intensität der Energie. Die **Emissionen pro Kopf** in t CO_2/Kopf und Jahr ergeben sich als Produkt von Index der CO_2-Nachhaltigkeit und Wohlstandsindikator (\$/Kopf und Jahr, BIP KKP):

$$t\,CO_2/\text{Kopf}, \ a = g\,CO_2/\$ * \$/\,\text{Kopf}, \ a/10^6.$$

Im Jahr 2017 waren, insgesamt in Europa + Eurasien, das mittlere kaufkraftbereinigte Bruttoinlandsprodukt **29.300 \$/Kopf** und die CO_2-Emissionen **6,5 t/Kopf**, entsprechend einem Index der CO_2-Nachhaltigkeit von **223 g CO_2/\$**. Um bis 2050 eine für das 2-Grad-Klimaziel notwendige Reduktion der CO_2-Emissionen auf **2,3 t/Kopf** zu erzielen

(s. Abschn. 3.4), muss, bei einer Zunahme des kaufkraftbereinigten BIP auf z. B. **37.000 \$/Kopf**, der Index der CO_2-Nachhaltigkeit auf **64 g CO_2/\$** (z. B. = 83 g CO_2/kWh * 0,77 kWh/\$) vermindert werden. Entsprechend dem 1,5-Grad-Ziel müssten die Emissionen auf **0,72 t/Kopf** sinken und somit der Nachhaltigkeitsindex **20 g CO_2/\$** (z. B. = 30 g CO_2/kWh * 0,65 kWh/\$) betragen (Abb. 3.16 und 3.19).

Rangliste 2017 der CO_2-Intensität der Endenergie in g CO_2/kWh:

Frankreich	113
Schweiz	138
Österreich	175
Spanien	180
Vereinigtes Königreich	184
Italien	190
Russland	200
Deutschland	215
Türkei	230
Polen	270

Mittelwert 2017 €pa + Eurasien: 191 g CO_2/kWh.

Zielwerte 2030 für Europa + Eurasien: 2 °C: 160 g CO_2/kWh, 1,5 °C: 130 g CO_2/kWh.

5.1 Einführung

In diesem Kap. 5 des Bandes „Europa+Eurasien und Afrika" [1] wird die Energiewirtschaft des afrikanischen Kontinents, ausgehend von aktualisierten Daten der IEA und des IMF, neu analysiert. Mit Ausnahme von Nord-Afrika und der Republik Südafrika ist der afrikanische Kontinent stark unterentwickelt. Dank seines demographischen und wirtschaftlichen Potenzials sowie Energiereserven wird er aber weltweit an Bedeutung zunehmen.

Die künftige Evolution der wichtigsten Indikatoren der einzelnen Regionen und Länder wird in Kap. 6 dargelegt, bei Berücksichtigung der zur Begrenzung des Klimawandels notwendigen weltweiten Emissionsreduktion (Klimaziele 2 °C und 1,5 °C, mit Perspektive bis 2050). Angesichts des Klima-Notstandes wurde in dieser Auflage das 1,5-Grad-Ziel stärker in den Vordergrund gerückt. Für Afrika resultiert insgesamt, bei Beachtung des Entwicklungsrückstands, lediglich eine Einschränkung des Emissionsanstiegs. Details einzelner Länder Afrikas sind in Kap. 7 gegeben.

5.2 Bevölkerung und Bruttoinlandsprodukt

Afrika weist 2017 mit 1261 Mio. Einwohner (Abb. 5.1) ein kaufkraftbereinigtes Bruttoinlandsprodukt BIP (KKP) von 5700 Mrd. US$ ($ von 2010). Die fünf Länder mit dem größten BIP, nämlich Nigeria, Ägypten, Algerien, Südafrika, und Marokko erbringen zusammen mit 33 % der Bevölkerung 63 % des BIP [4].

Aus energiewirtschaftlicher Sicht ist es zweckmäßig, Afrika in die folgenden drei Regionen aufzuteilen, die sich grundlegend unterscheiden:

© Springer Fachmedien Wiesbaden GmbH, ein Teil von Springer Nature 2020
V. Crastan, *Klimawirksame Kennzahlen Band I*,
https://doi.org/10.1007/978-3-658-30335-8_5

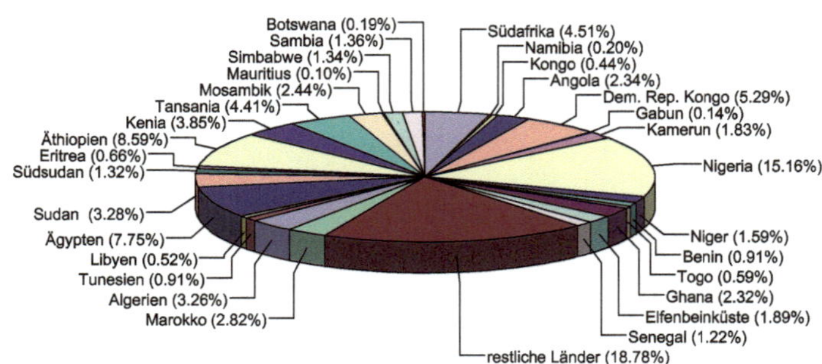

Abb. 5.1 Prozentuale Aufteilung der Bevölkerung Afrikas

Abb. 5.2 BIP (KKP) pro Kopf von Südafrika und der Länder Nord-Afrikas und Änderungen von 2000 bis 2010 und von 2010 bis 2017

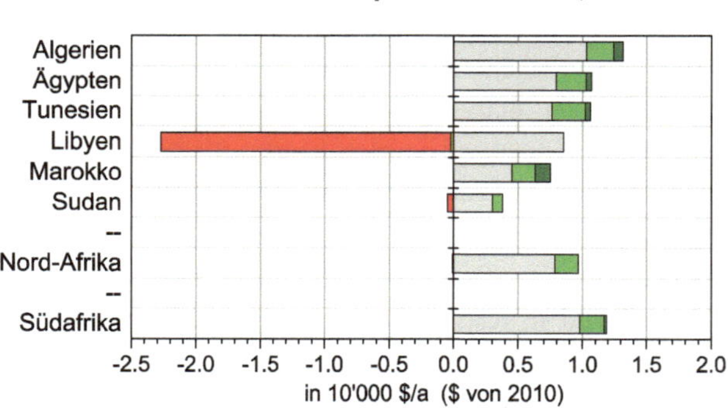

- **Nord-Afrika** (Marokko, Algerien, Tunesien, Libyen, Ägypten, Sudan) Sudan (d. h. Nord-Sudan) wurde hier Nordafrika zugeordnet.
- **Südafrika** (Republik Südafrika)
- **Rest-Afrika** (Angola, Äthiopien, Benin, Botswana, Elfenbeinküste, Eritrea, Gabun, Ghana, Kamerun, Kenia, Kongo, Demokratische Republik Kongo, Mauritius, Mosambik, Namibia, Niger, Nigeria, Sambia, Senegal, Simbabwe, Süd-Sudan, Tansania, Togo, restliche Länder)

Das BIP (KKP) pro Kopf Afrikas ist im Mittel im weltweiten Vergleich sehr niedrig und beträgt4500 $/a in 2017 (weltweiter Durchschnitt 14.700 $/a in US$ von 2010). [3, 4]. Die Fortschritte seit 2010 sind gering (knapp 2 %).

Die Verteilung des BIP (KKP) pro Kopf in **Nord-Afrika** und **Südafrika** zeigt Abb. 5.2. Nord-Afrika ist im Mittel mit 9500 $/a deutlich über dem

Kontinent-Durchschnitt. Die zwei bevölkerungsreichsten Länder Nordafrikas die zugleich wirtschaftlich recht entwickelt sind, nämlich **Ägypten** und **Algerien,** werden im Kap. 7 bezüglich Energieflüsse und Elektrizitätsproduktion und -verbrauch näher betrachtet.

In **Südafrika** beträgt das BIP (KKP) pro Kopf 12.000 $/a, liegt somit wesentlich über dem Kontinent-Durchschnitt und etwas über jenem Nord-Afrikas. Seit 2000 hat es sich um 2200 $/a erhöht. Die **Republik Südafrika** ist als einziges Land Afrikas **Mitglied der G-20-Gruppe.**

Die Verteilung des BIP/Kopf in **Rest-Afrika** zeigt Abb. 5.3. Durchschnittlich liegt es mit 2800 $/a deutlich unter dem Kontinent-Durchschnitt, wobei starke Unterschiede festzustellen sind. Nur drei Länder (Gabun, Botswana und Mauritius) überschreiten 14.000 $/a. Nur fünf der übrigen Länder (Namibia, Angola, Kongo, Ghana und Nigeria) liegen im Bereich 5000–10.000 $/a.

Die bevölkerungsreichsten Länder von Rest-Afrika sind **Nigeria** und **Äthiopien,** weshalb die wichtigsten energiewirtschaftlichen Daten dieser beiden Länder in Kap. 7 zusammen mit jenen von **Tansania** und **Kenia** dargestellt und kommentiert werden.

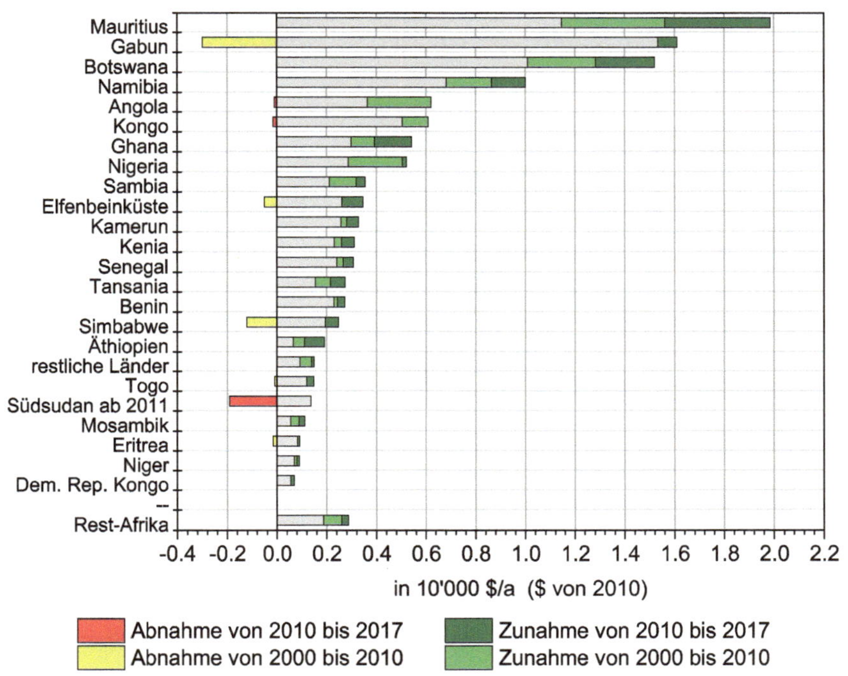

Abb. 5.3 BIP (KKP) pro Kopf der Länder Rest-Afrikas und Änderungen von 2000 bis 2010 und von 2010 bis 2017. Daten IMF [4]

5.3 Bruttoenergie, Endenergie, Verluste des Energiesektors und entsprechende CO$_2$-Emissionen

Die **Endenergie** setzt sich zusammen aus Wärmebedarf (aus Brennstoffen, ohne Elektrizität und Fernwärme), Treibstoffen, Elektrizität (alle Anwendungen) und Fernwärme (Abb. 5.4).

Die **Bruttoenergie** ist die Summe von Endenergie und alle im **Energiesektor** entstehenden Verluste. Der Energiesektor dient der **Umwandlung von Bruttoenergie in Endenergie**, wobei in der Regel die Elektrizitätserzeugung die Hauptrolle spielt.

Die **Energiestruktur** ist in den drei Regionen stark unterschiedlich wie Abb. 5.4 veranschaulicht. In **Rest-Afrika** ist sie durch einen sehr hohen Anteil an Biomasse für die Wärmeanwendungen gekennzeichnet, der mehr als 80 % der Endenergie ausmacht. **Nord-Afrika** ist stark auf Erdöl und Erdgas ausgerichtet, während die **Republik Südafrika** einen sehr hohen Kohleanteil aufweist. Im restlichen Afrika ist der **Elektrifizierungsgrad** noch gering, wesentlichste Energiequelle ist die Biomasse. Die **Verluste des Energiesektors** betragen in % der eingesetzten Bruttoenergie: in Nord-Afrika 33 %, in Südafrika sind sie mit 49 % sehr hoch, in Rest-Afrika nur 19 %, dank dem hohen Anteil Hydroelektrizität und Biomassenutzung.

Die **Elektrizitätsproduktion** der drei Regionen ist in Abb. 5.5 detailliert veranschaulicht.

Die erneuerbaren Energien (Wasserkraft, Windenergie, Photovoltaik, Biomasse, Abfälle, Geothermie) bzw. die CO$_2$-armen Energien (erneuerbare Energien + Kernenergie) tragen zur Elektrizitätsproduktion gemäß Tab. 5.1 bei. Die Tabelle gibt auch den Elektrifizierungsgrad der drei Regionen (Elektrizitätsanteil der Endenergie: ist ein guter Index der Entwicklung).

Die prozentualen Anteile der drei Regionen an Bevölkerung, BIP und Bruttoinlandsverbrauch zeigt Tab. 5.2.

Aus der Energieträgerstruktur ergeben sich die in Abb. 5.6 dargestellten **CO$_2$-Emissionen** in 2017: Gesamtwert **in Megatonnen (Mt)**, Gesamtwert in **Gramm pro \$ BIP KKP** sowie Gesamtwert und detaillierte Verteilung in **Tonnen/Kopf** für die Verbrauchssektoren. In der Industrie und im Haushalts-/Dienstleitungs-/Landwirtschaftssektor sind die Emissionen durch den Elektrizitäts- und Wärmebedarf aus fossilen Energien bestimmt, im Verkehrsbereich durch die fossilen Treibstoffe.

Die Emissionen, die durch die Verluste im Energiesektor entstehen, sind in erster Linie der Elektrizitätsproduktion zuzuschreiben. In **Südafrika** ist der Kohleanteil viel zu stark und die

Emissionen mit 620 g CO$_2$/\$ entsprechend extrem hoch. In **Rest-Afrika** sind die CO$_2$-Emissionen mit 102 g CO$_2$/\$ wegen Unterentwicklung vorerst noch gering, dies auch dank dem hohen Beitrag der Wasserkraft an der Elektrizitätserzeugung (Abb. 5.5). Die für die Entwicklung notwendige starke Zunahme des Elektrifizierungsgrades sollte nicht nur durch fossile Energie erreicht werden, sondern möglichst durch Beibehaltung

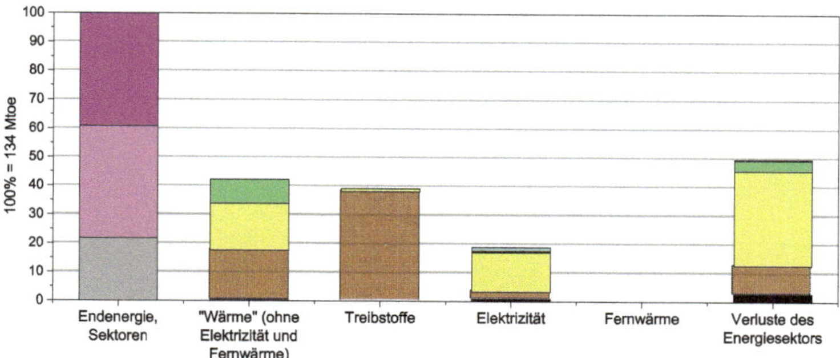

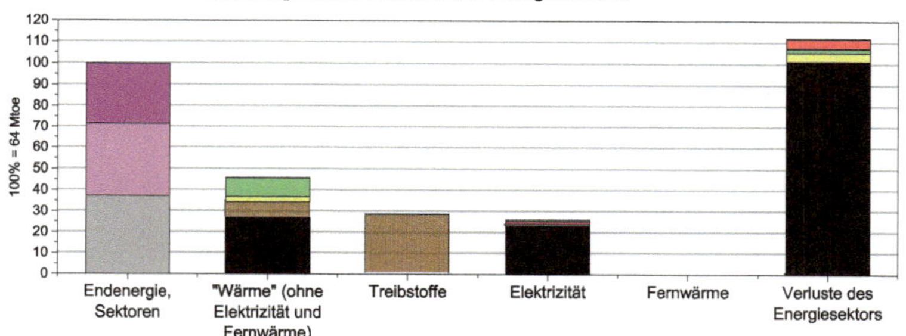

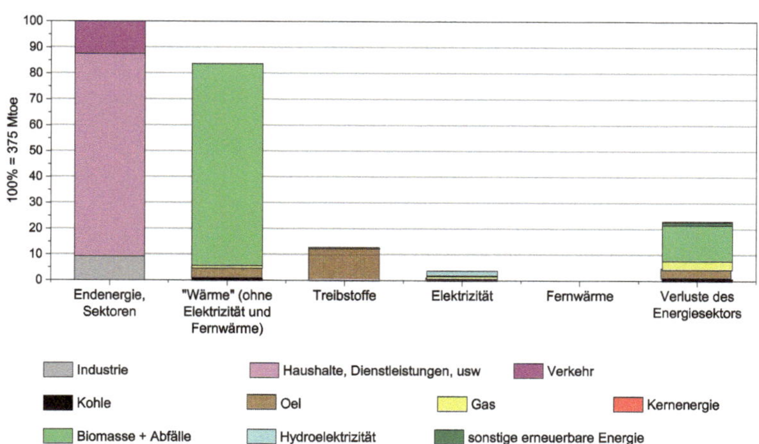

Abb. 5.4   Bruttoenergie = Endenergie + Verluste des Energiesektors, der drei Regionen Afrikas in 2017. Endenergie besteht aus Wärme, Treibstoffe und Elektrizität. Daten IEA [3]

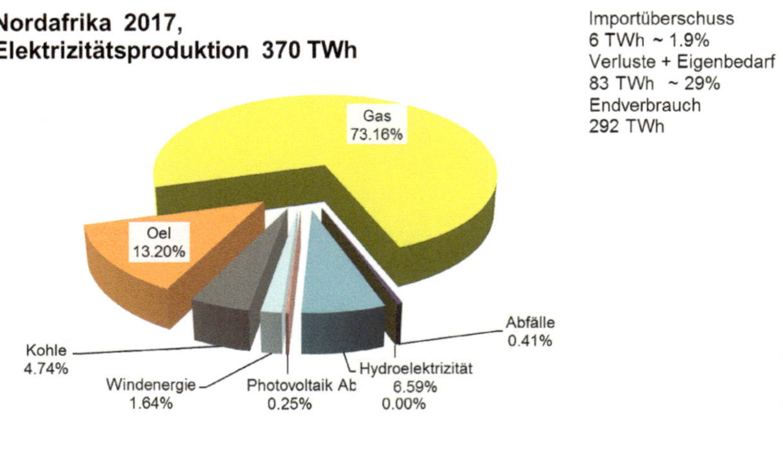

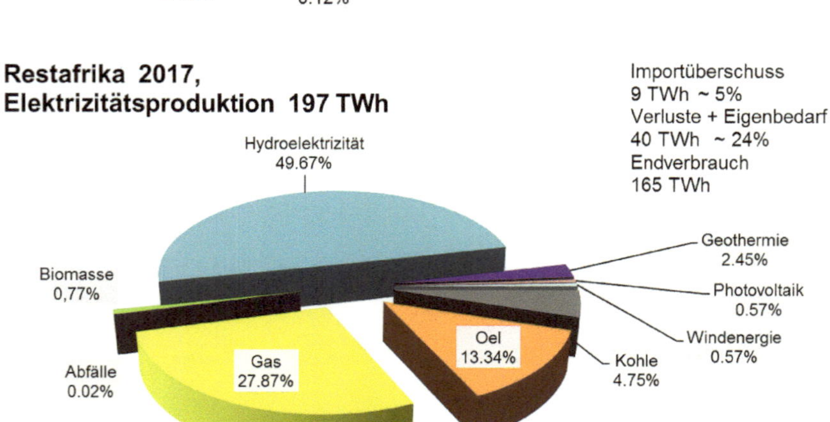

Abb. 5.5 Elektrizitätsproduktion in 2017 der drei Regionen Afrikas und entsprechende Energieträgeranteile. Prozentangabe der Verluste und Import/Exporte in Prozent des Endverbrauchs

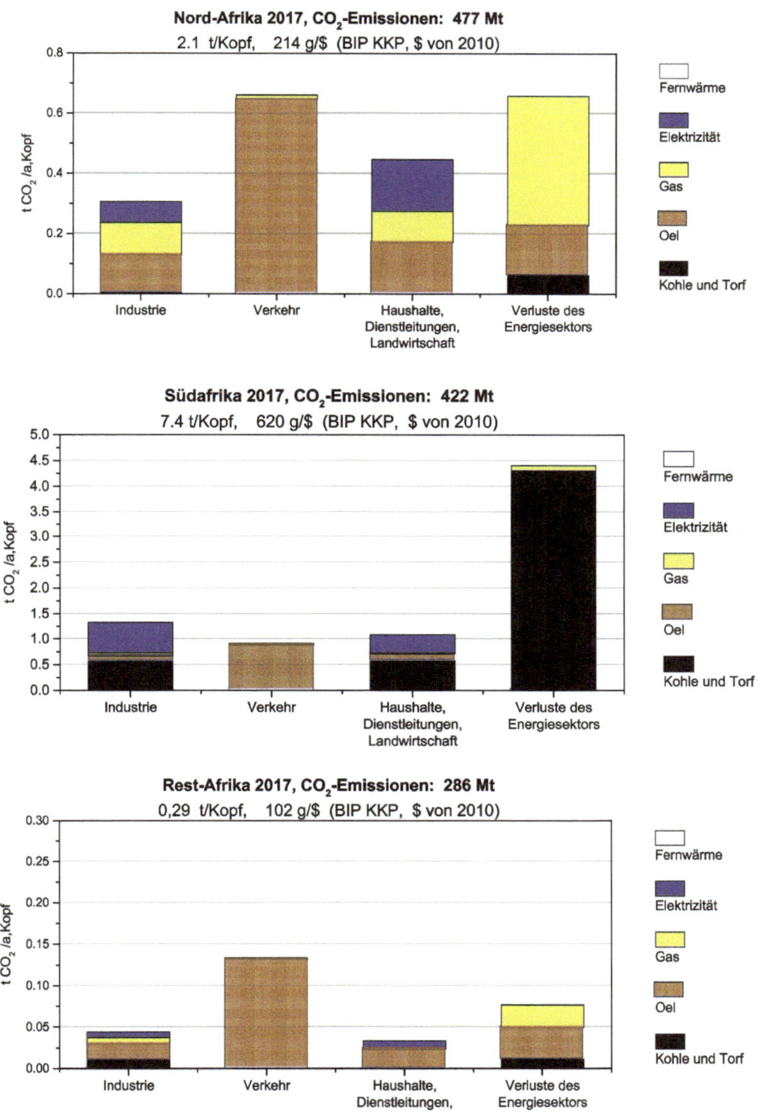

Abb. 5.6 CO_2-Ausstoss der drei Regionen nach Verbrauchssektor und Energieträger. Daten IEA [3]

Tab. 5.1 Anteile erneuerbarer und CO_2-arme Energien und Elektrifizierungsgrad in 2017

	Erneuerbar (%)	CO_2-arm (%)	Elektrifizierung (%)
Nord-Afrika	9	9	19
Südafrika	5	11	26
Restliches Afrika	54	54	4

Tab. 5.2 Anteile an Bevölkerung, BIP und Bruttoenergiebedarf des Kontinents in 2017

	Bevölkerung (%)	BIP (KKP) (%)	Bruttoenergiebedarf (%)
Nord-Afrika	18	39	25
Südafrika	5	12	16
Restliches Afrika	77	49	59

eines Anteils an erneuerbaren Energien von mehr als 50 %. Entsprechende Entwicklungshilfe ist dazu unerlässlich.

5.4 Energieflüsse im Jahr 2017

5.4.1 Energiefluss im Energiesektor

Die Abbildungen, z. B. Abb. 5.7, beschreiben den Energiefluss im Energiesektor von der Primärenergie über die Bruttoenergie (oder Bruttoinlandsverbrauch) zur Endenergie. Primärenergie und Bruttoenergie werden durch die verwendeten **Energieträger** veranschaulicht. Alle Energien werden in Mtoe angegeben.

Die **Primärenergie** ist die Summe aus einheimischer Produktion und, für Regionen, Netto-Importe abzüglich Netto-Exporte von Energieträgern (für Länder effektive Importe/Exporte statt nur Netto-Importe/Exporte pro Energieträger).

Die **Bruttoenergie** ergibt sich aus der Primärenergie nach Abzug des nicht-energetischen Bedarfs (z. B. für die chemische Industrie) und eventueller Lagerveränderungen. Abgezogen werden die für die internationale Schiff- und Luftfahrt-Bunker benötigten Energiemengen. Die entsprechenden CO_2-Emissionen werden nur weltweit erfasst.

Es ist die Aufgabe des **Energiesektors,** den Verbrauchern Energie in Form von **Endenergie** zur Verfügung zu stellen. Wir unterscheiden in diesem Diagramm 4 Formen von Endenergie: **Elektrizität, Fernwärme, Treibstoffe** und **„Wärme".** Letztere besteht hauptsächlich aus nichtelektrischer Heizungs- und Prozesswärme (aus fossilen oder erneuerbaren Energien) und ohne Fernwärme. Stationäre Arbeit nichtelektrischen Ursprungs kann ebenfalls enthalten sein (z. B. stationäre Gas-, Benzin- oder Dieselmotoren sowie Pumpen); zumindest in Industrieländern ist dieser Anteil jedoch minimal. Mit der Umwandlung von Bruttoenergie in Endenergie sind Verluste verbunden, die wir gesamthaft als **Verluste des Energiesektors** bezeichnen.

Diese Verluste setzen sich zusammen aus den **thermischen Verlusten** in Kraftwerken (thermodynamisch bedingt) sowie in Wärme-Kraft-Kopplungsanlagen und in

Heizwerken, ferner aus den **elektrischen Verlusten** im Transport- und Verteilungs-netz, einschliesslich elektrischer Eigenbedarf des Energiesektors und schliesslich aus den **Restverlusten** des Energiesektors (in Raffinerien, Verflüssigungs- und Vergasungs-anlagen, durch Wärmeübertragung, Wärme-Eigenbedarf usw.).

Das Schema zeigt ferner die mit den Verlusten des Energiesektors und dem Ver-brauch der Endenergien verbundenen, also vom Bruttoinlandsverbrauch verursachten **CO_2-Emissionen in Mt.** Der grösste Teil der Verluste des Energiesektors ist in der Regel mit der Elektrizitäts- und Fernwärmeproduktion gekoppelt, weshalb die CO_2-Emissionen dieser drei Faktoren zusammengefasst werden. Eine Trennung kann mithilfe der nach-folgenden Endenergie-Diagramme oder auch von Abb. 5.6 vorgenommen werden.

5.4.2   Energiefluss der Endenergie zu den Endverbrauchern

Die Abbildungen, z. B. Abb. 5.8, zeigen wie sich die 4 Endenergiearten auf die drei Endverbraucherkategorien verteilen. Ebenso werden die CO_2-Emissionen diesen Ver-brauchergruppen zugeordnet.

Die Endverbraucher sind (gemäss IEA-Statistik):

- Industrie
- Haushalt, Dienstleistungen, Landwirtschaft etc.
- Verkehr

Zur Bildung der Gesamt-Emissionen werden noch die CO_2-Emissionen der im Energie-sektor entstehenden Verluste hinzugefügt.

5.4.3   Nord-Afrika

Der Energiefluss im Energiesektor und jener der Endenergie zu den Endverbrauchern sind für Nord-Afrika in den Abb. 5.7 und 5.8 dargestellt. Die den Endenergien bzw. den Verbrauchssektoren zugeordneten CO_2-Emissionen sind ebenfalls veranschaulicht. Nord-Afrika ist ein starker Produzent und Exporteur von Öl und Erdgas. Für Details betreffend Ägypten und Algerien s. Kap. 7.

5.4.4   Südafrika

Die entsprechenden Flussdiagramme für die Republik Südafrika sind in den Abb. 5.9 und 5.10 dargestellt. Die Energiewirtschaft Südafrikas beruht fast ausschließlich auf Kohle. Dementsprechend sind die CO_2-Emissionen des Energiesektors extrem hoch. Die

Nord-Afrika, 2017
Energiefluss im Energiesektor und totale CO2-Emissionen (ohne Schiff- und Luftfahrt-Bunker)

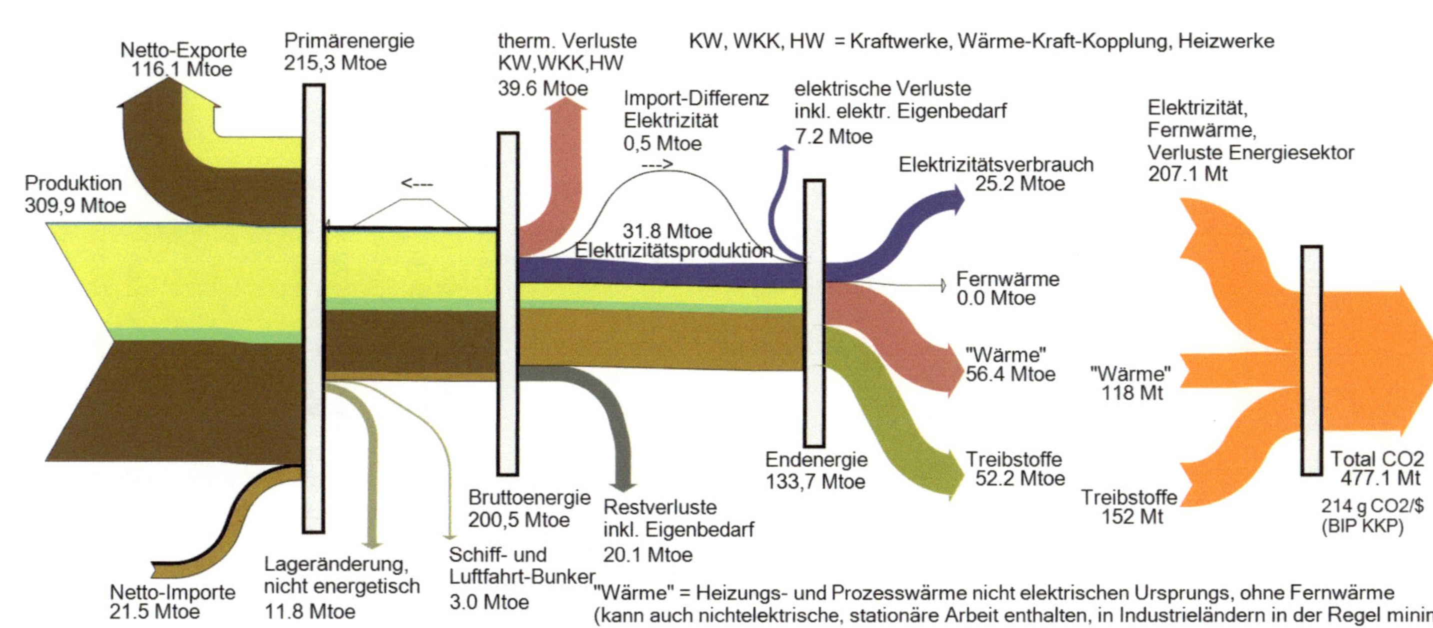

Abb. 5.7   Nord-Afrika: Energiefluss im Energiesektor von der Primärenergie zur Endenergie und CO_2-Ausstoss. Die Energieträgerfarben sind wie in Abb. 5.4 und 5.6 (Erdöl dunkelbraun, Erdölprodukte hellbraun)

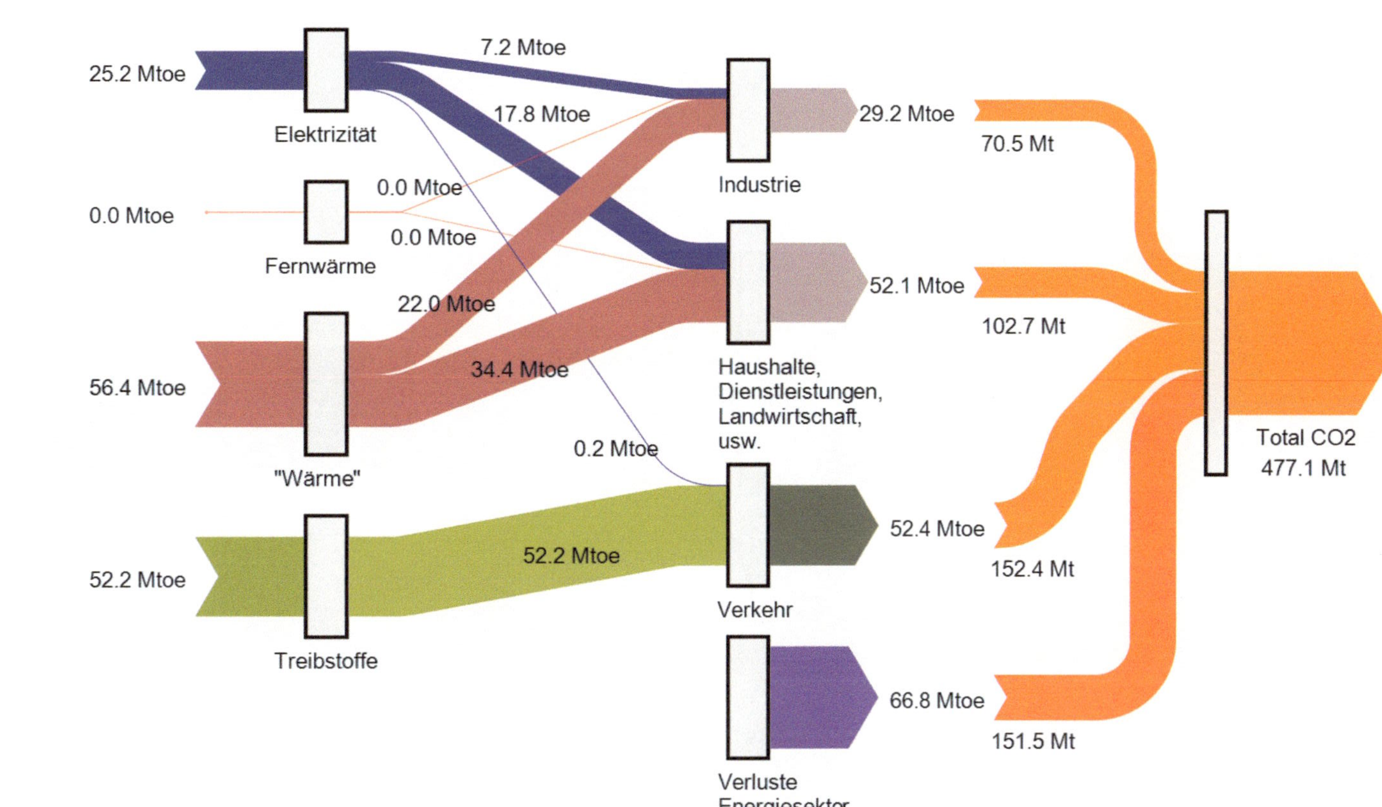

Abb. 5.8   Nord-Afrika: Energiefluss der Endenergie zu den Endverbrauchern und zugeordnete CO_2-Emissionen

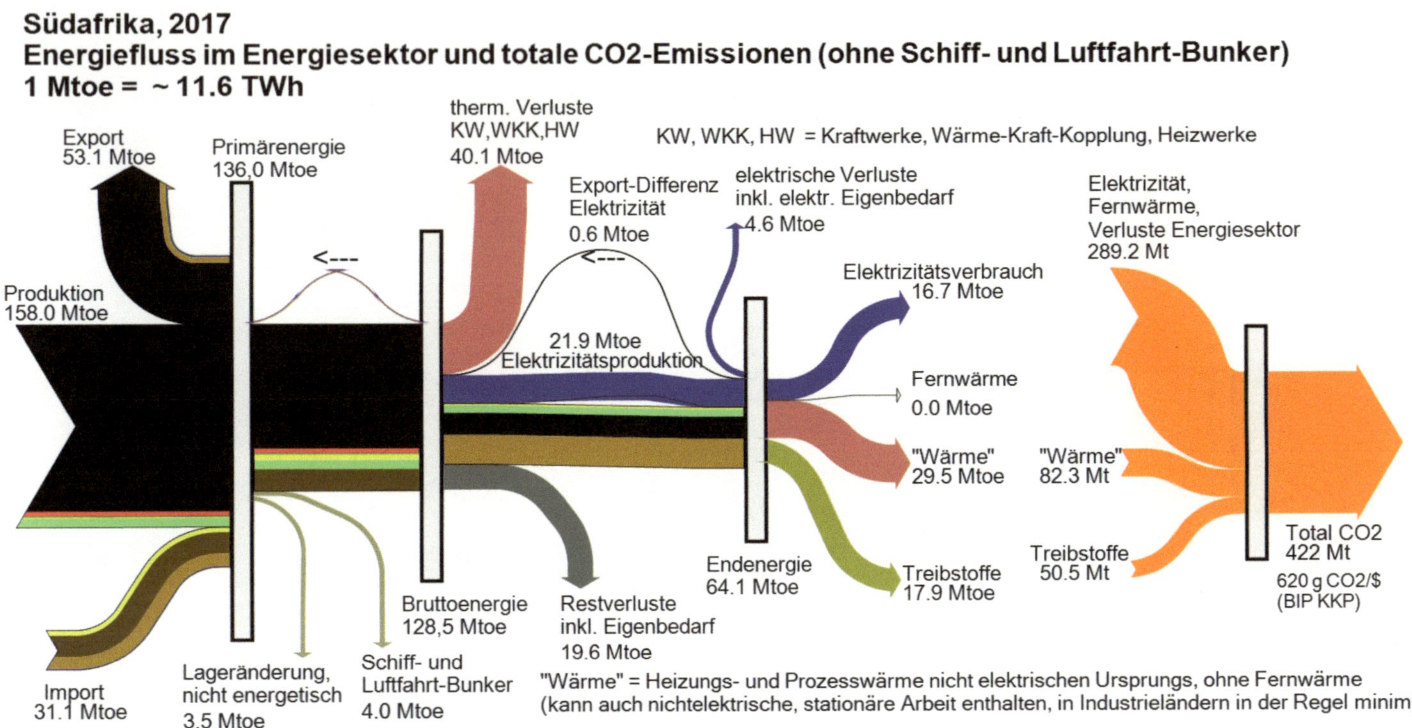

Abb. 5.9 Südafrika: Energiefluss im Energiesektor von der Primärenergie zur Endenergie und CO_2-Ausstoss. Die Energieträgerfarben sind wie in Abb. 5.4 und 5.6 (Erdöl dunkelbraun, Erdölprodukte hellbraun)

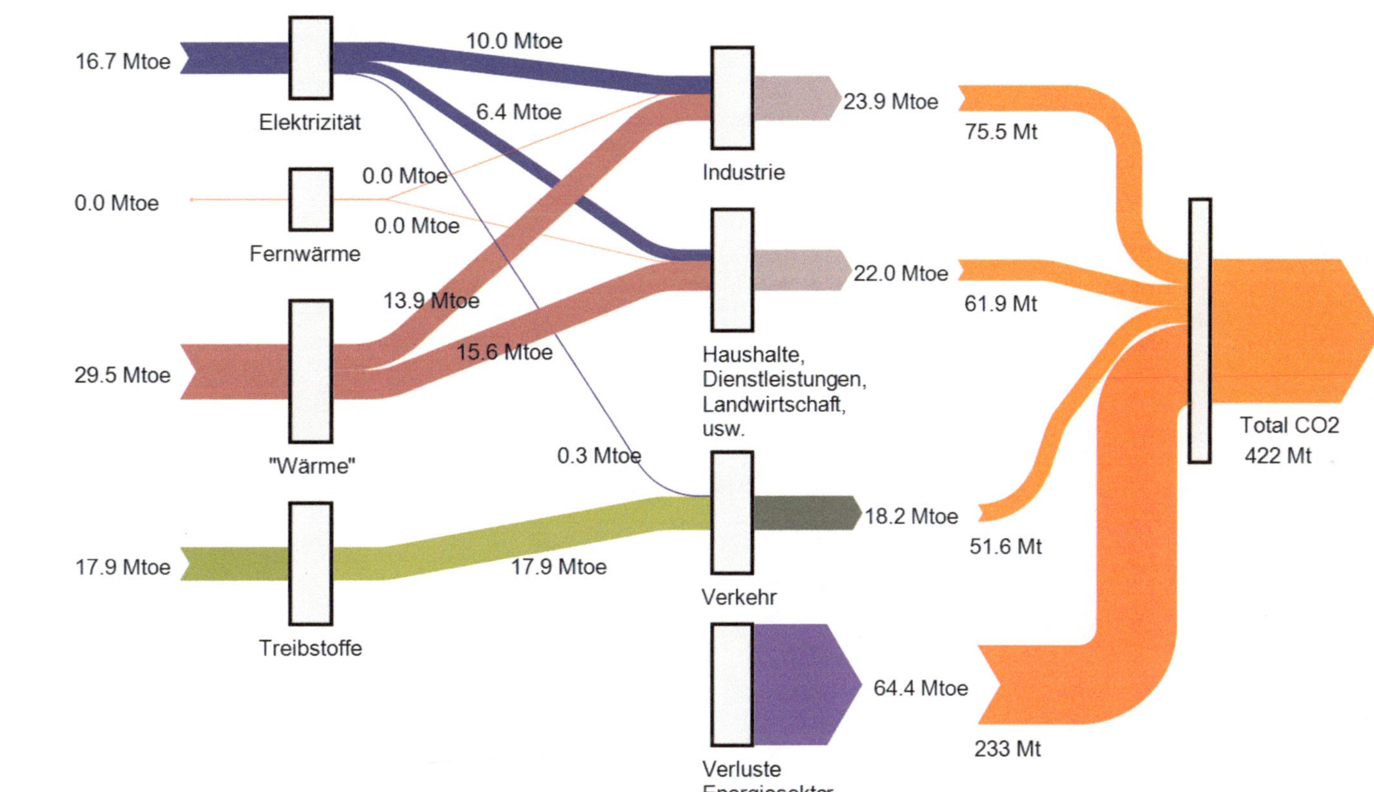

Abb. 5.10 Südafrika: Energiefluss der Endenergie zu den Endverbrauchern und zugeordnete CO_2-Emissionen

mangelnde Effizienz führt auch zu sehr hohen Verlusten, besonders im Energiesektor. Entsprechende Anstrengungen zur Verbesserung der Effizienz sind dringend notwendig

5.4.5 Restliches Afrika

Der Energiefluss des restlichen Afrikas (Abb. 5.11 und 5.12) ist charakteristisch für Unterentwicklung und beruht weitgehend auf Biomasse zur Produktion von Wärme. Die Erdölproduktion dient hauptsächlich dem Export. Die meisten CO_2-Emissionen stammen aus dem eher ineffizienten Verkehrssektor. Die Energieflüsse einiger Länder von Rest-Afrika sind im Kap. 7 gegeben und kommentiert.

5.4.6 Afrika insgesamt

Die Abb. 5.13 und 5.14 erhält man durch Aufsummierung der Flüsse der drei Regionen. Etwa 70 % der Endenergie beansprucht der Wärmebereich, 20 % der Verkehr und 10 % ist Elektrizität. Für den Wärmebereich sind Biomasse und Erdöl/Erdgas vorherrschend, zur Elektrizitätserzeugung je nach Region Gas, Kohle oder Wasserkraft.

5.5 Energieintensität

Die mittlere Brutto-Energieintensität Afrikas von 1,61 kWh/\$ in 2017 liegt über dem Weltdurchschnitt. Eine Reduktion auf 1,3 bis 1,4 kWh/\$ bis 2030, was etwa dem heutigen Weltdurchschnitt entspricht, würde grob den Klimaschutzzielen gerecht werden (genaueres in Kap. 6). Die drei Regionen weisen aber eine stark unterschiedliche Ausgangssituation auf. Abb. 5.15 zeigt die Energieintensität der Länder Nord-Afrikas und von Südafrika.

Das öl- und gasreiche **Nord-Afrika,** mit einem Durchschnittswert von 1,04 kWh/\$ in 2017 sollte 1 kWh/\$ unterschreiten können, eine Beruhigung der politischen Lage in Libyen vorausgesetzt. Maßgebend sind vor allem Ägypten und Algerien (s. auch Abschn. 7.1)

Die Republik **Südafrika** weist trotz Fortschritten immer noch eine hohe Energieintensität von 2,2 kWh/\$ auf. Das Klimaschutzziel kann nur mit stärkeren Anstrengungen erreicht werden vor allem im Elektrizitätssektor, der sehr ineffizient ist (Verluste des Energiesektors deutlich höher als die gesamte Endenergie, s. Abb. 5.6).

Die Energieintensität **Rest-Afrikas** ist in Abb. 5.16 veranschaulicht. Der Durchschnitt von 1,93 kWh/\$ weist auf eine wenig effiziente Energiewirtschaft hin, die aber z. T. mit dem hohen Verbrauch von Biomasse (Abb. 5.11) zu erklären ist. Immerhin ist seit 2000 insgesamt eine deutliche Abnahme festzustellen. Die Zunahme in Simbabwe von 2000 bis 2010 ist in erster Linie eine Folge des Einbruchs seines Bruttoinlandsproduktes.

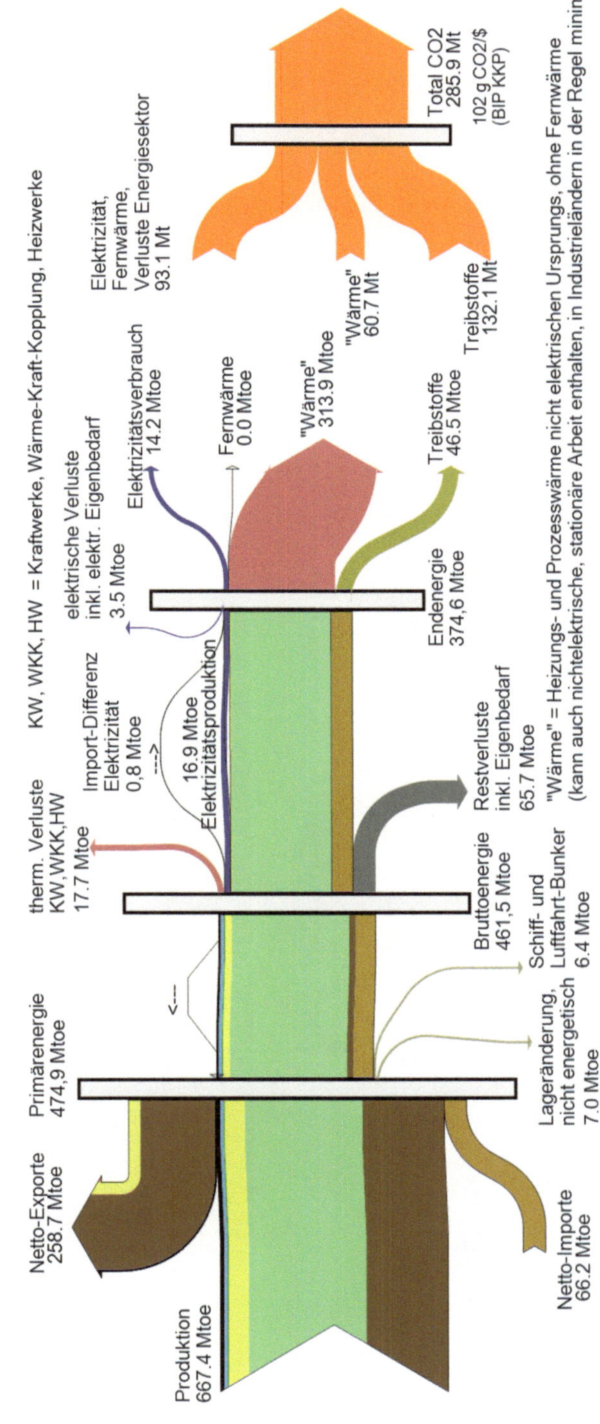

Abb. 5.11 Rest-Afrika: Energiefluss im Energiesektor von der Primärenergie zur Endenergie und CO_2-Ausstoss. Die Energieträgerfarben sind wie in Abb. 5.4 und 5.6 (Erdöl dunkelbraun, Erdölprodukte hellbraun)

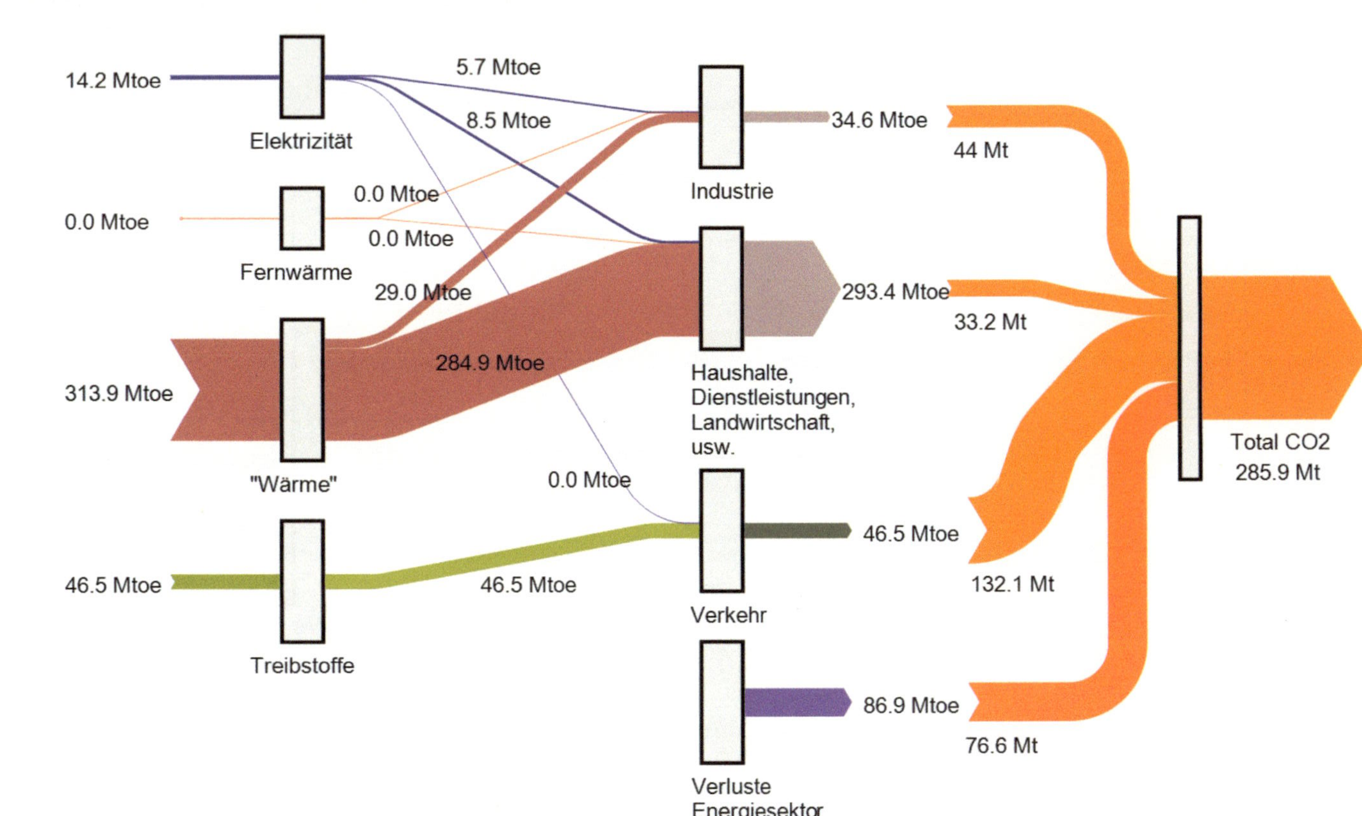

Abb. 5.12 Rest-Afrika: Energiefluss der Endenergie zu den Endverbrauchern und zugeordnete CO_2-Emissionen

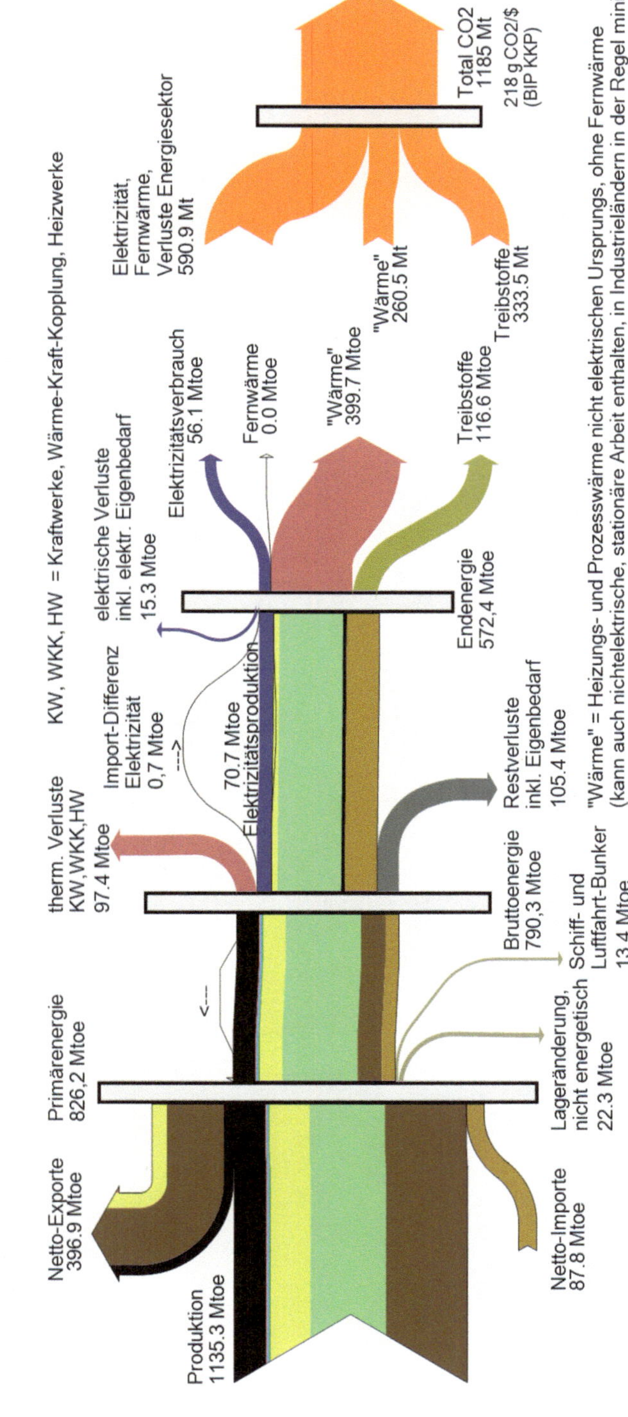

Abb. 5.13   Afrika: Energiefluss im Energiesektor von der Primärenergie zur Endenergie und CO_2-Ausstoss. Die Energieträgerfarben sind wie in Abb. 5.4 und 5.6 (Erdöl dunkelbraun, Erdölprodukte hellbraun). "Wärme" = Heizungs- und Prozesswärme nicht elektrischen Ursprungs, ohne Fernwärme (kann auch nichtelektrische, stationäre Arbeit enthalten, in Industrieländern in der Regel minim).

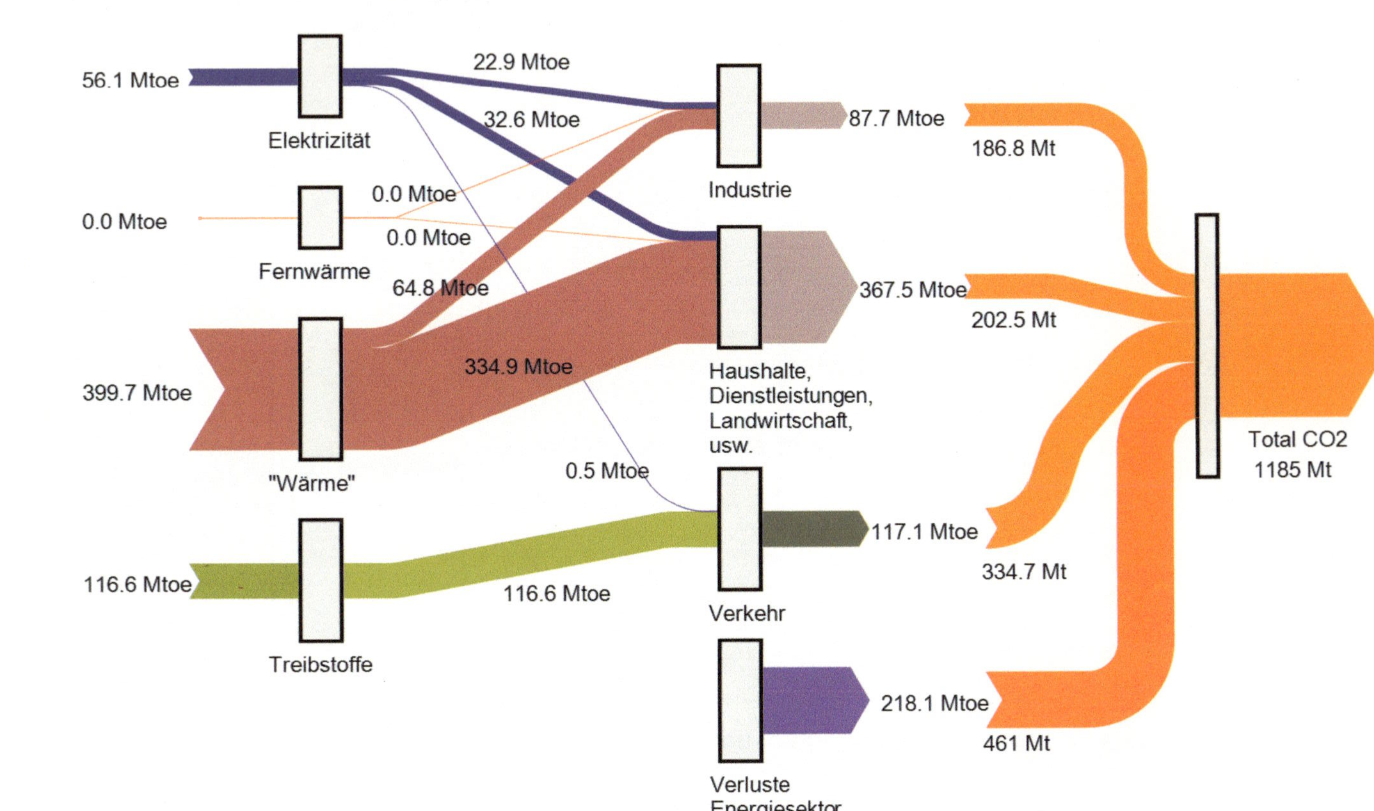

Abb. 5.14　Afrika: Energiefluss der Endenergie zu den Endverbrauchern und zugeordnete CO_2-Emissionen

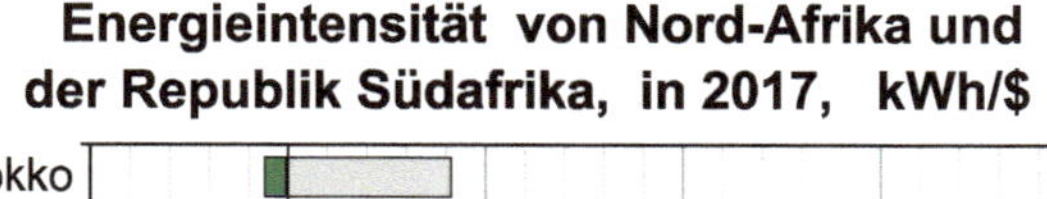

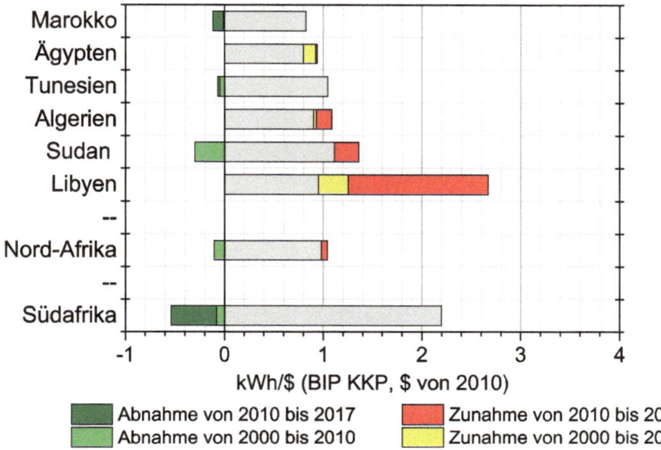

Abb. 5.15 Energieintensität der Länder Nord-Afrikas sowie von Südafrika und Änderungen von 2000 bis 2010 und von 2010 bis 2017

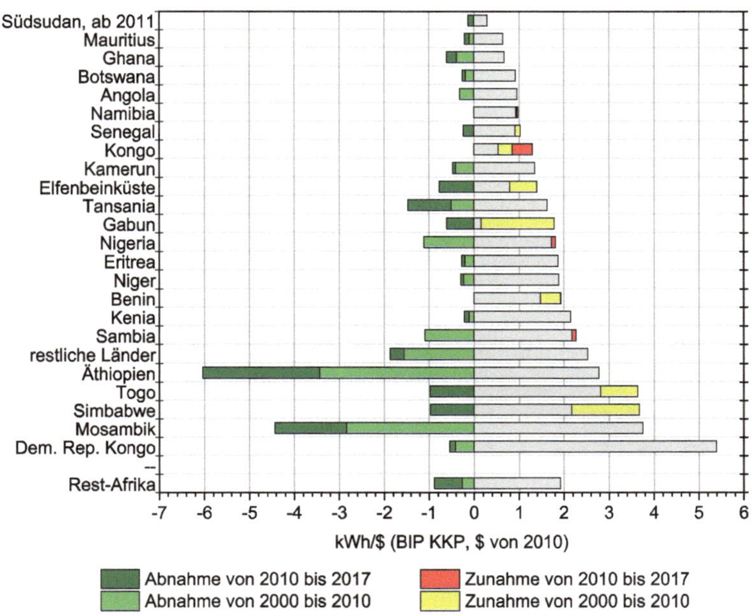

Abb. 5.16 Energieintensität der Länder von Rest-Afrika in 2017

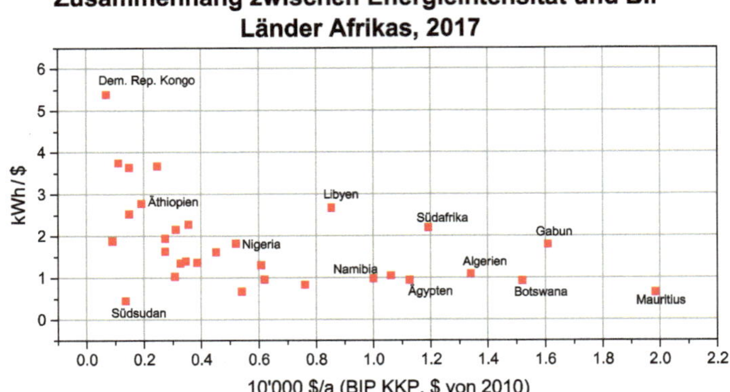

Abb. 5.17 Energieintensität der Länder Afrikas in Abhängigkeit vom BIP KKP pro Kopf

Länder mit relativ hohem BIP/Kopf, wie Mauritius, Botswana und Namibia (Abb. 5.3) weisen gute Energieintensitäten unter 1 kWh/$ auf. Erfreulich sind die Fortschritte in gewichtigen Ländern wie Nigeria und Äthiopien, aber auch Ghana und Tansania sowie in einigen Ländern mit extrem hoher Energieintensität von über 3 kWh/$.

Hohe Energieintensität (>2 kWh/$), d. h. mangelnde Energieeffizienz, ist oft, aber nicht immer, ein Zeichen von Unterentwicklung wie die in Abb. 5.17 dargestellte Statistik für **Gesamt-Afrika** zeigt (z. B. Ausnahmen wie Libyen und Südafrika, s. auch die Abb. 5.15).

5.6 CO_2-Intensität der Energie

Die CO_2-Intensität Gesamt-Afrikas liegt in 2017 mit 129 g CO_2/kWh weit unter dem Weltdurchschnitt von 216 g CO_2/kWh. Anders als bei der Energieintensität ist bei Unterentwicklung ein niedriger Wert der CO_2-Intensität der Energie zu erwarten (Abb. 5.18), was weitgehend mit einer stark auf Biomasse ausgerichteten Energiewirtschaft zusammenhängt.

Zunehmende Entwicklung führt zunächst zum vermehrten Verbrauch von fossilen Brennstoffen und somit zu einer Erhöhung der CO_2-Intensität der Energie. Dies zeigt sich in **Nord-Afrika** und in **Südafrika** wo diese CO_2-Intensität bereits Werte zwischen 200 und 300 g CO_2/kWh erreicht hat (Abb. 5.19). Für den Klimaschutz wäre es angebracht, zu versuchen diesen Indikator bis 2030 auf etwa 200 g CO_2/kWh zu stabilisieren. Zurzeit ist die Tendenz eher steigend, doch zur Erreichung der Klimaziele ist eine stärkere Gewichtung erneuerbarer Energien bei der Elektrizitätsproduktion (Wasser, Wind und Sonne) notwendig. Dies sollte in Nordafrika möglich sein. In Südafrika ist zusätzlich ein Umstieg von Kohle auf Gas und/oder CCS notwendig.

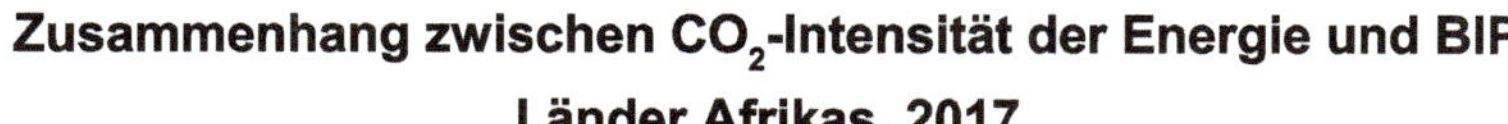

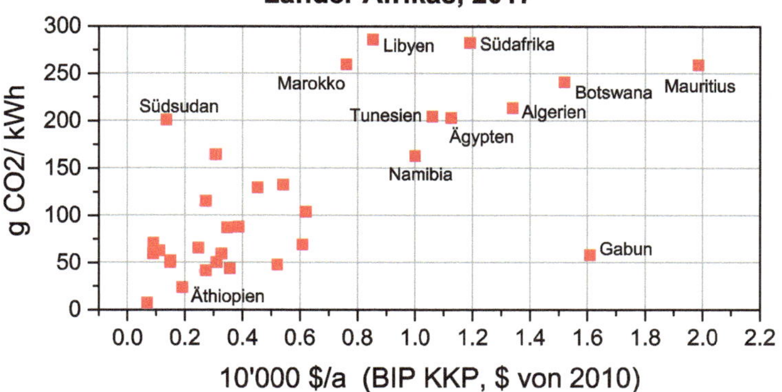

Abb. 5.18 CO_2-Intensität der Energie der Länder Afrikas in Abhängigkeit vom BIP KKP pro Kopf

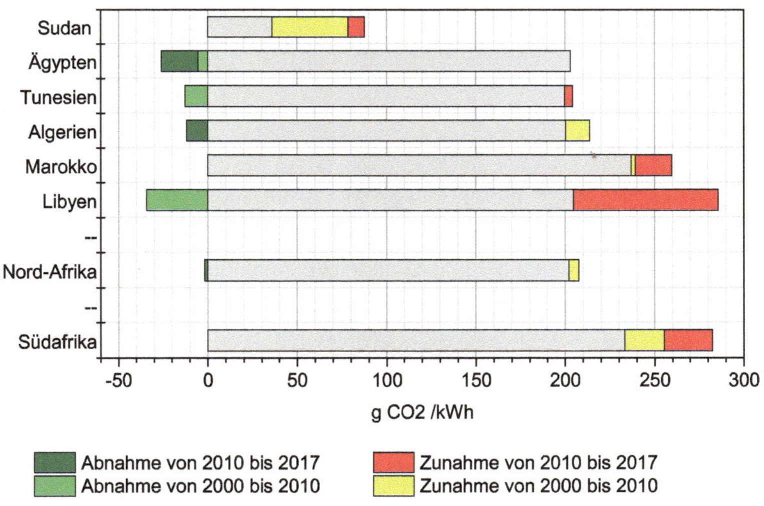

Abb. 5.19 CO_2-Intensität der Energie der Länder Nord-Afrikas sowie von Südafrika und Änderungen von 2000 bis 2010 und von 2010 bis 2017

In **Rest-Afrika** ist die CO_2-Intensität der Energie extrem unterschiedlich (Abb. 5.20). Außer von der Verfügbarkeit fossiler Ressourcen und Wasserkraft, wird sie vom Stand der Entwicklung (Abb. 5.3 und 5.18) und von der lokalen Politik bezüglich erneuerbaren Energien bestimmt.

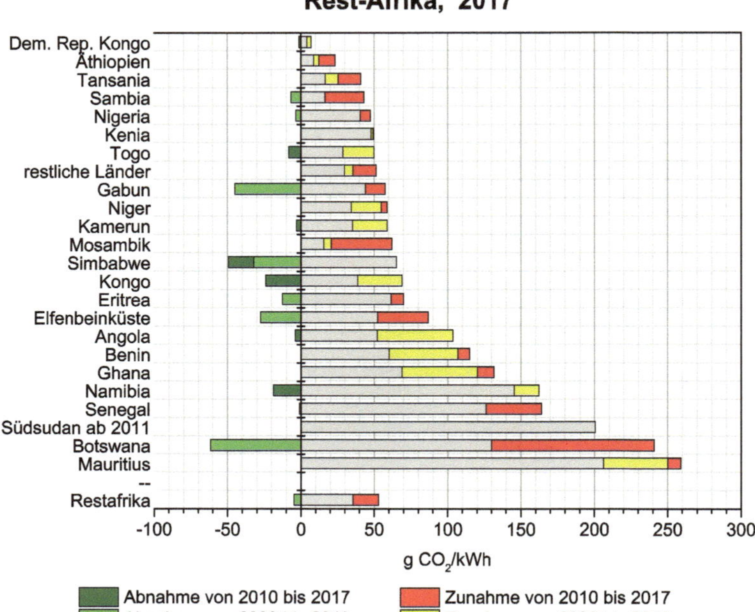

Abb. 5.20 CO_2-Intensität der Energie der Länder von Rest-Afrika und Fortschritte bzw. Rückschritte seit 2000

In 2017 betrug sie im Mittel nur 53 g CO_2/kWh und lag somit stark unter dem Kontinent-Durchschnitt, was dem hohen Biomasse-Anteil in diesem Teil Afrikas zu verdanken ist (s. die Abb. 5.4 und 5.11), hat aber zunehmende Tendenz, was mit Abb. 5.18 übereinstimmt. Die Zunahme ist vor allem seit 2010 deutlich.

5.7 Indikator der CO₂-Nachhaltigkeit

Die Nachhaltigkeit der Energieversorgung bezüglich CO_2-Ausstoss wird durch das Produkt von Energieintensität und CO_2-Intensität der Energie bestimmt und somit durch den **Indikator g CO₂/\$** charakterisiert. In 2017 ist der Durchschnittswert Afrikas mit 208 g CO_2/\$ (BIP KKP, \$ von 2010) noch deutlich niedriger als der Weltdurchschnitt von 290 g CO_2/\$.

Die Werte für die drei Regionen sind sehr unterschiedlich. Die Abb. 5.21 zeigt detaillierter die Situation der Länder **Nord-Afrikas** und vergleicht sie mit **Südafrika.** Der Indikator der **Republik Südafrika** liegt weit über dem Weltdurchschnitt. Die Energiewirtschaft Südafrikas ist alles andere als nachhaltig und müsste, besonders

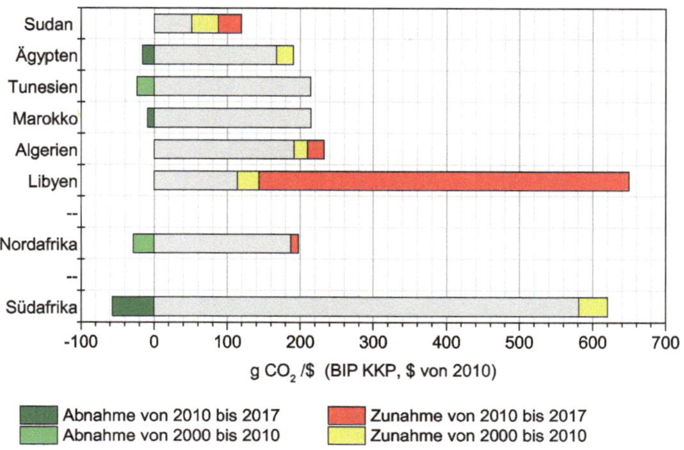

Abb. 5.21 Indikator der CO_2-Nachhaltigkeit der Länder Nord-Afrikas sowie von Südafrika in 2017 und Fortschritte bzw. Rückschritte seit 2000

was die Elektrizitätsversorgung betrifft, stark umgestaltet werden (s. dazu auch die Abb. 5.4 bis 5.6 und 5.9 sowie Tab. 5.1). Eine entsprechende technische Beratung und finanzielle Unterstützung im Rahmen der G-20 wäre zur Einhaltung der Klimaschutzziele wünschenswert und dringend.

Abb. 5.22 zeigt die Werte der Länder **Rest-Afrikas.** Angesichts des großen demographischen Potenzials (mehr als ¾ der Bevölkerung Afrikas) ist **Rest-Afrika** entscheidend für die Einhaltung der Klimaziele Afrikas. Die Industrienationen, aber auch die Schwellenländer, sind deshalb gut beraten, die wirtschaftliche Entwicklung Rest-Afrikas zur CO_2-Nachhaltigkeit zu fördern und finanziell zu unterstützen. Rest-Afrika könnte ein Vorzeige-Subkontinent bezüglich Klimaschutz werden.

Schließlich veranschaulicht die Abb. 5.23 den **statistischen Zusammenhang zwischen CO_2-Nachhaltigkeit und Bruttoinlandsprodukt.** Schwach entwickelte Länder sind zwar mehrheitlich, dank Biomasse, bezüglich CO_2-Ausstoss unter 200 g CO_2/$ und somit vorerst noch relativ nachhaltig (mit Ausnahmen: Simbabwe und Benin). Aber wirtschaftliche Entwicklung führt nicht unbedingt zu schlechterer CO_2-Nachhaltigkeit, wie die Beispiele Gabun und Mauritius zeigen. Das gut entwickelte Botswana weist seit 2010 eine gegenläufige Tendenz auf.

Die Tab. 5.3 vergleicht die Indikatoren der drei Regionen.

Die Werte der bevölkerungsreichsten Länder Afrikas sind in Tab. 5.4 verglichen.

Südafrika weist ein Extremwert auf (>600 g CO_2/$!) wegen der dominierenden Kohlewirtschaft (s. auch Abb. 5.9).

Die Karte des Afrikanischen Kontinents zeigt Abb. 5.24.

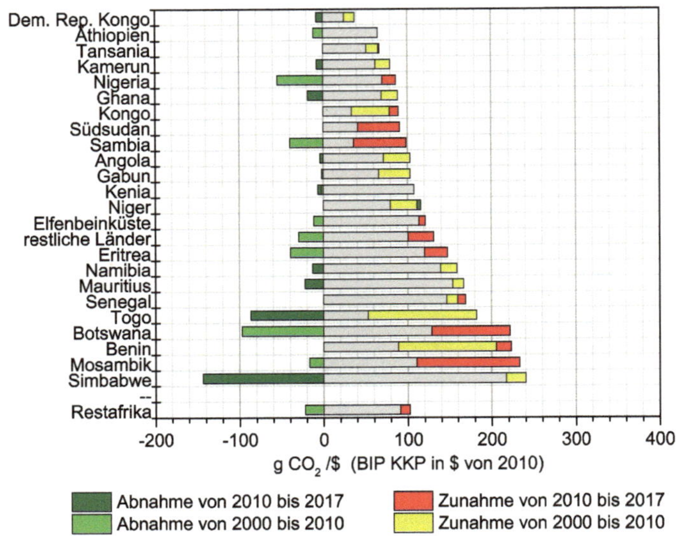

Abb. 5.22 Indikator der CO$_2$-Nachhaltigkeit der Länder Rest-Afrikas in 2017 und Fortschritte bzw. Rückschritte seit 2000

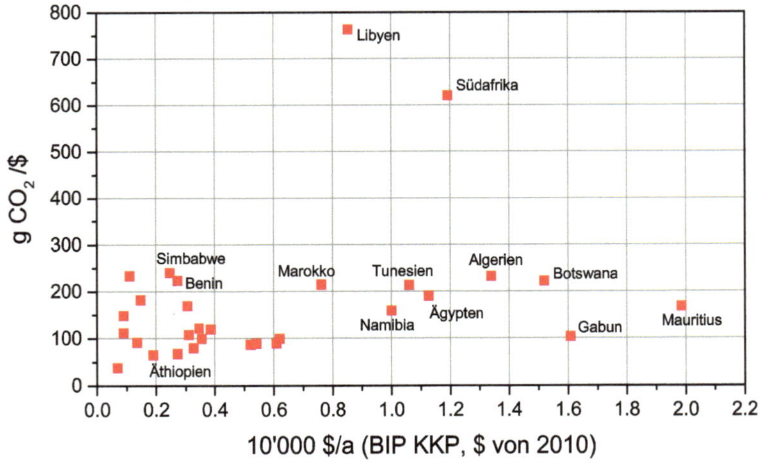

Abb. 5.23 CO$_2$-Nachhaltigkeit der Länder Afrikas in Abhängigkeit vom BIP KKP pro Kopf

Tab. 5.3 Vergleich der Indikatoren in 2017 ($ von 2010)

	Nord-Afrika	Südafrika	Rest-Afrika	Afrika insgesamt
kWh/$	1,04	2,20	1,93	1,61
g CO_2/kWh	206	282	53	129
g CO_2/$	214	620	102	208
BIP (KKP) $ pro Kopf,a	9700	11.900	2900	4500
t CO_2/Kopf,a	2,1	7,4	0,3	0,9

kWh/$ = Energieintensität

g CO_2/kWh = CO_2-Intensität der Energie

g CO_2/$ = Maßstab für die Nachhaltigkeit der Wirtschaft bezüglich CO_2-Emissionen (kurz: Indikator der CO_2-Nachhaltigkeit) (Vergleichswerte: Westeuropa 167 g CO_2/$, USA 323 g CO_2/$)

Tab. 5.4 Prozentualer Anteil der **erneuerbaren** und **CO_2-armen Elektrizitätsproduktion**, im Jahr 2014, in den bevölkerungsreichsten Ländern Afrikas (>40 Mio.), sowie **Indikator der CO_2-Nachhaltigkeit** in **g CO_2/$**-$CO_2$-arme Energien = erneuerbare Energien + Kernenergie

	Erneuerbare Energien (%)	CO_2-arme Energien (%)	g CO_2/$ (BIP KKP)
Nigeria	17	17	86
Äthiopien	100	100	73
Ägypten	9	9	196
Dem. Rep. Kongo	100	100	37
Südafrika	5	11	620
Tansania	30	30	67
Kenia	80	80	107
Sudan	60	60	119
Algerien	0,8	0,8	233

Nicht vernachlässigbarer Teil Rest-Afrikas sind die **restlichen Länder,** die in der IEA-Statistik nicht detailliert aufgeführt werden, aber gut 19 % der Bevölkerung Afrikas und etwa 25 % jener Rest-Afrikas ausmachen (Abb. 5.1 und Tab. 5.2). Dazu gehören folgende bevölkerungsreiche Länder mit mehr als 10 Mio. Einwohner:

Im Südosten: Uganda, Ruanda, Burundi, Malawi, Somalia und Madagascar.

Im Nordwesten: Mali, Burkina Faso und Guinea

In Zentralafrika: Tschad.

Abb. 5.24 Afrikanischer Kontinent. (Bild: Politische Landkarte von Afrika (mit Verwaltungsgrenzen, Englisch) – https://www.landkartenindex.de/kostenlos/?cat=15, Michael Ritz. Lizenz: CC 3.0)

CO$_2$-Emissionen und Indikatoren bis 2017 und notwendige Szenarien zur Einhaltung des 2-Grad- bzw. 1,5-Grad-Ziels

6.1 Nord-Afrika

Mit dem 2-Grad- und 1,5-Grad-Ziel (Kap. 1) kompatible Emissions-Szenarien bis 2050 für Nord-Afrika zeigt Abb. 6.1. Der entsprechende Verlauf der Indikatoren ist in Abb. 6.2 wiedergegeben. Die dazu notwendigen prozentualen jährlichen Änderungen bis 2030 für die beiden Ziele sind detaillierter in Abb. 6.3 wiedergegeben.

Beide Trends, der Energieeffizienz und der CO$_2$-Intensität, sind umzukehren. Die Energieeffizienz muss schon vor 2030 deutlich verbessert werden, in stärkerem Masse für das 1,5-Grad-Ziel. Die Reduktion der CO$_2$-Intensität der Energie durch Förderung erneuerbarer Energien muss, vor allem für das 1,5-Grad-Ziel, sofort einsetzen; dazu dürfte eine intensive Power-to-Gas-(PtG)-Produktion (z. B. Wasserstoff mittels grosser Photovoltaik-Anlagen) anstelle der Förderung fossiler Brennstoffe unausweichlich sein.

Der zugehörige Verlauf der Pro-Kopf-Indikatoren für das kaufkraftbereinigte Bruttoinlandsprodukt, die Bruttoenergie und den CO$_2$-Ausstoss sind schliesslich in Abb. 6.4 dargestellt, für 1980 bis 2017 und entsprechend dem 2-Grad- bzw. 1,5-Grad-Szenario.

6.2 Südafrika

Mit dem 2-Grad- und 1,5-Grad-Ziel kompatible Emissions-Szenarien bis 2050 für Südafrika zeigt Abb. 6.5. Der entsprechende Verlauf der Indikatoren ist in Abb. 6.6 wiedergegeben. Südafrika weist mit 620 g CO$_2$/\$ die schlechteste CO$_2$-Nachaltigkeit nicht nur von Afrika (Abb. 5.21), sondern weltweit auf. Der Trend der letzten Jahren ist weder mit dem 2-Grad-Ziel und noch weniger mit dem 1,5-Grad-Ziel vereinbar. Energisches

© Springer Fachmedien Wiesbaden GmbH, ein Teil von Springer Nature 2020
V. Crastan, *Klimawirksame Kennzahlen Band I*,
https://doi.org/10.1007/978-3-658-30335-8_6

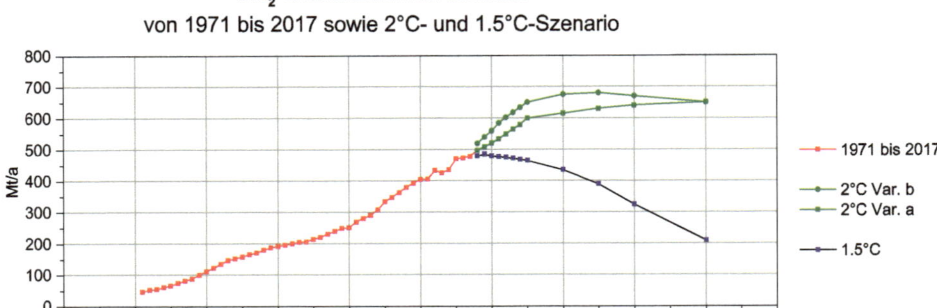

Abb. 6.1 Mit dem 2-Grad- und 1,5-Grad-Ziel kompatible Szenarien für Nord-Afrika

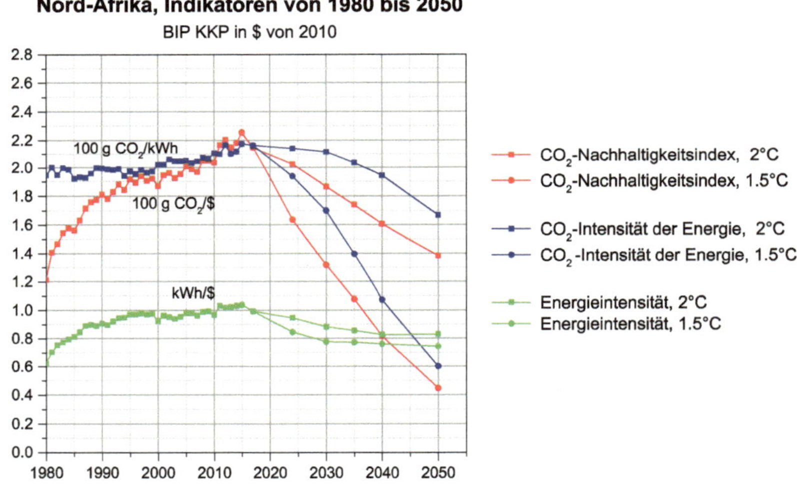

Abb. 6.2 Indikatoren-Verlauf von 1980 bis 2017 und mit dem 2-Grad- bzw. 1,5-Grad-Ziel kompatibler Verlauf bis 2050

Gegensteuern ist somit notwendig, sowohl was die Energieintensität als auch die CO$_2$-Intensität der Energie betrifft. Mittel dazu: Ersatz des gegenwärtigen Kohleverbrauchs durch alle verfügbaren erneuerbaren Energien, Kernenergie und saubere Kohle (CCS). Unterstützung durch die G-20 ist unabdingbar.

Die dazu notwendigen prozentualen jährlichen Änderungen bis 2030 für die erwähnten Ziele sind detaillierter in Abb. 6.7 wiedergegeben.

Der zugehörige Verlauf der Pro-Kopf-Indikatoren für das kaufkraftbereinigte Bruttoinlandsprodukt, die Bruttoenergie und den CO$_2$-Ausstoss ist schliesslich in Abb. 6.8 dargestellt, für 1980 bis 2015 und entsprechend dem 2-Grad-Szenario.

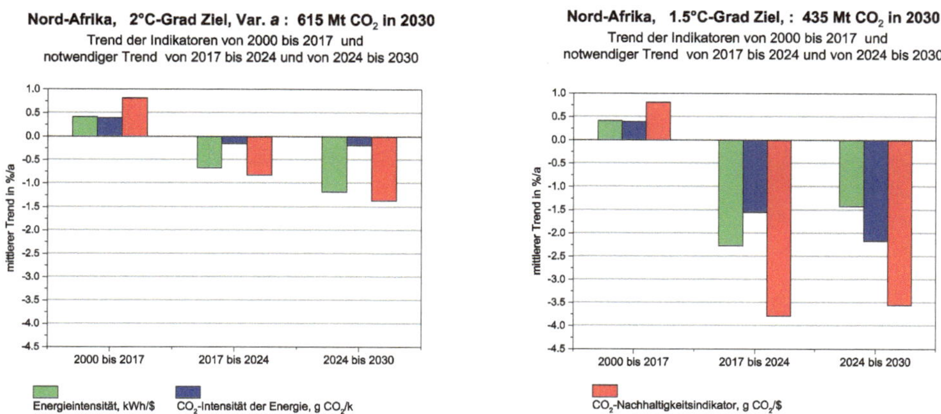

Abb. 6.3 Indikatoren-Trend in %/a von 2000 bis 2017 und notwendige Trendänderung ab 2017 zur Einhaltung des 2-Grad-Ziels bzw. des 1,5-Grad-Ziels

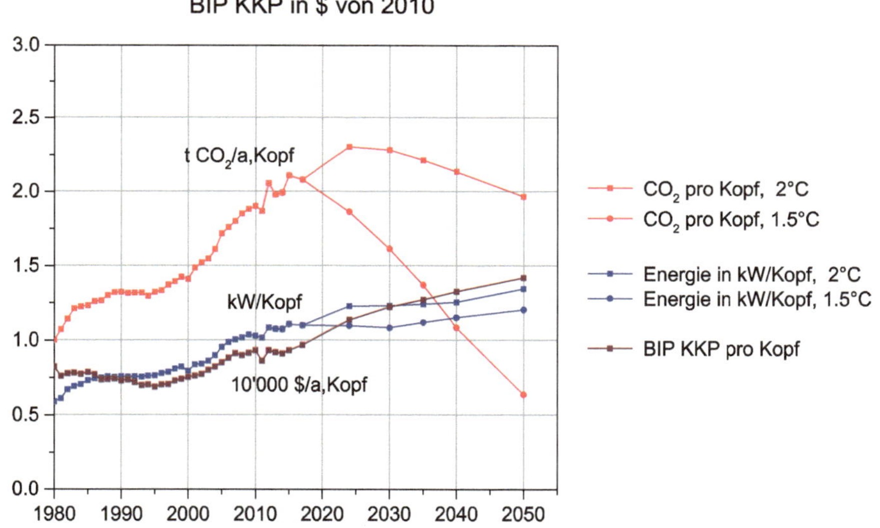

Abb. 6.4 Pro-Kopf-Indikatoren Nord-Afrikas von 1980 bis 2017 und mit dem 2-Grad- bzw. 1,5-Grad-Szenario kompatibler Verlauf bis 2050

6.3   Restliches Afrika

Mit dem 2-Grad- und 1,5-Grad-Ziel kompatible Szenarien bis 2050 für das insgesamt stark unterentwickelte Rest-Afrika zeigt Abb. 6.9. Der entsprechende Verlauf der Indikatoren ist in Abb. 6.10 wiedergegeben. Eine fortschreitende Verbesserung der

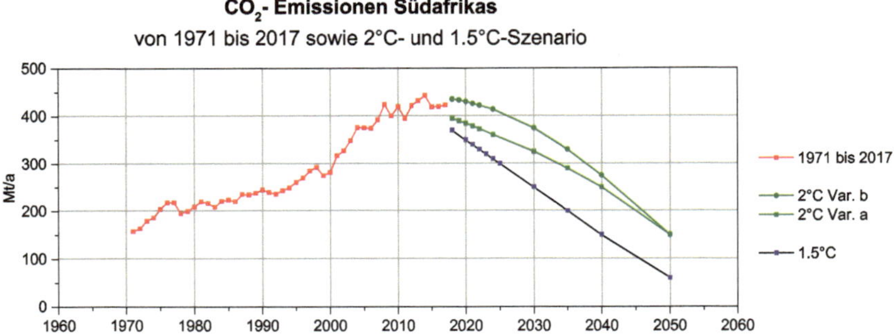

Abb. 6.5 Mit dem 2-Grad- bzw. 1,5-Grad-Ziel kompatible Szenarien für Südafrika

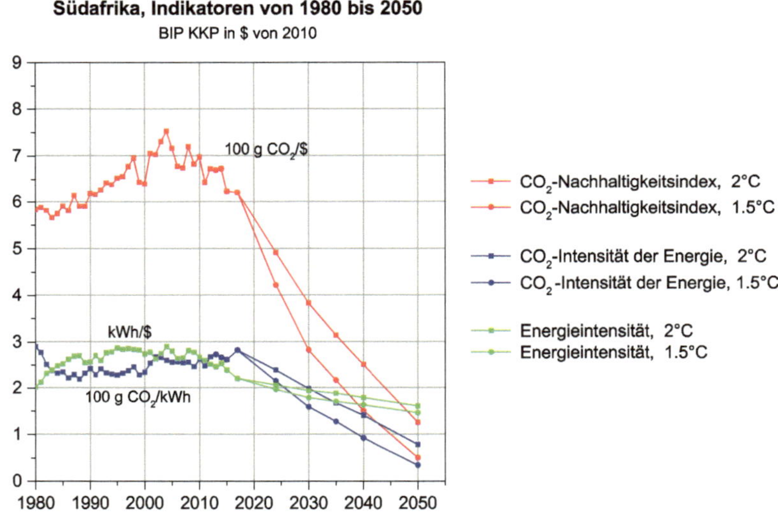

Abb. 6.6 Indikatoren-Verlauf von 1980 bis 2017 und mit dem 2-Grad- bzw. 1,5-Grad-Ziel kompatibler Verlauf bis 2050

Energieeffizienz ist notwendig. Durch intensive Nutzung erneuerbarer Energien soll eine Zunahme der CO_2-Intensität der Energie, trotz wirtschaftlicher Entwicklung, möglichst verhindert werden.

Die prozentualen jährlichen Änderungen der Indikatoren bis 2030 für die beiden Varianten sind detaillierter in Abb. 6.11 wiedergegeben.

Der zugehörige Verlauf der Pro-Kopf-Indikatoren für das kaufkraftbereinigte Brutto-inlandsprodukt, die Bruttoenergie und den CO_2-Ausstoss ist schliesslich in Abb. 6.12 dargestellt, für 1990 bis 2014 und entsprechend dem 2-Grad-Szenario.

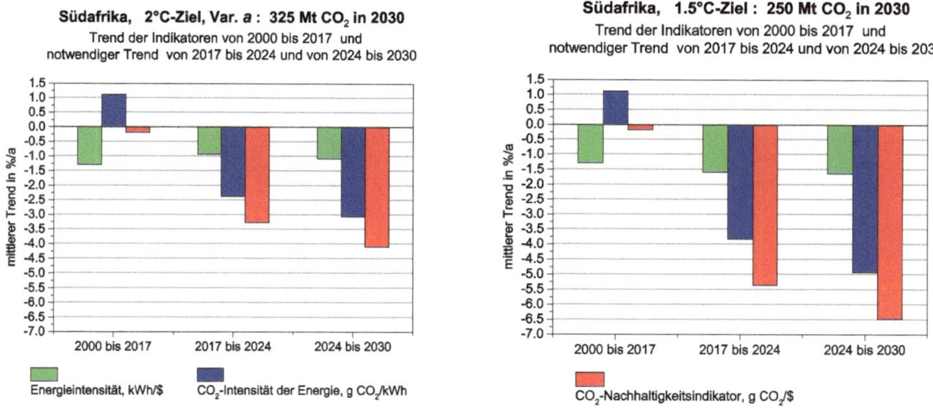

Abb. 6.7 Indikatoren-Trend in %/a von 2000 bis 2017 und notwendige Trendänderung ab 2017 zur Einhaltung des 2-Grad- bzw. 1,5-Grad-Ziels

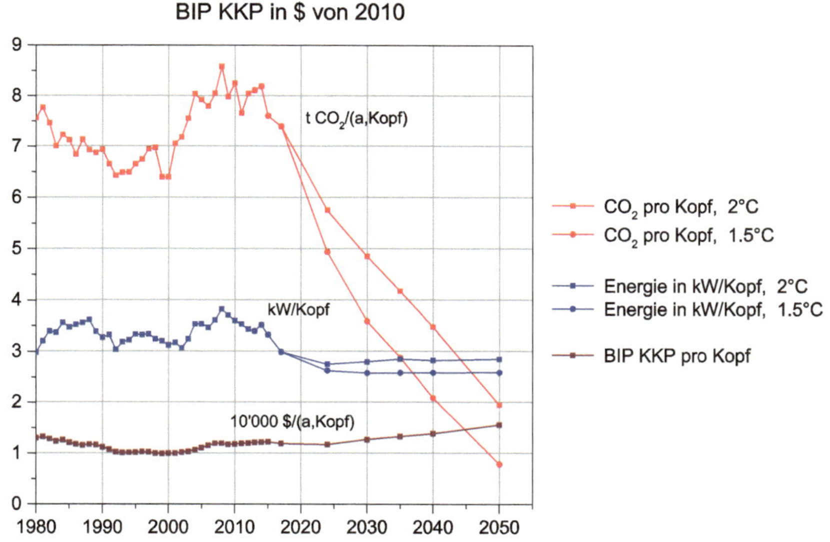

Abb. 6.8 Pro-Kopf-Indikatoren Südafrikas von 1980 bis 2017 und 2-Grad- bzw. 1,5-Grad-Szenario bis 2050. BIP (KKP) Prognose für 2024 gemäss IMF

6.4   Afrika insgesamt

Die entsprechenden Diagramme für Gesamt-Afrika ergeben sich durch Aufsummierung der Diagramme der drei Regionen und sind in den Abb. 6.13, 6.14, 6.15, 6.16, 6.17 gegeben.

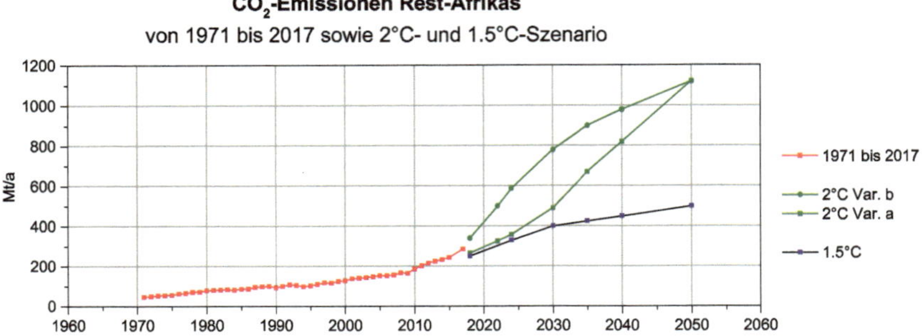

Abb. 6.9 Mit dem 2-Grad- bzw. mit dem 1,5-Grad-Ziel kompatible Szenarien für Rest-Afrika

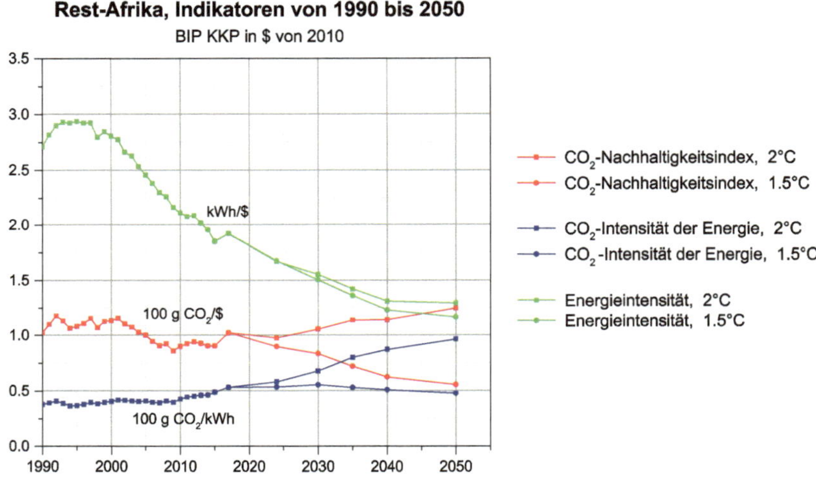

Abb. 6.10 Indikatoren-Verlauf von 1990 bis 2015 und mit dem 2-Grad-Ziel kompatibler Verlauf bis 2050

Die Abb. 6.13 zeigt die sich ergebenden Gesamtemissionen bis 2050 für beide Varianten und Abb. 6.14 die entsprechenden Haupt-Indikatoren.

Die bis 2030 notwendigen prozentualen jährlichen Änderungen der Indikatoren für die beiden Varianten sind detaillierter in den Abb. 6.15 und 6.16 wiedergegeben. Der Verlauf der Pro-Kopf-Indikatoren für das kaufkraftbereinigte Bruttoinlandsprodukt, die Bruttoenergie und den CO_2-Ausstoss sind schliesslich in Abb. 6.17 dargestellt.

6.5   Zusammenfassung

Zusammenfassend geben die Abb. 6.18 und 6.19 die notwendige Änderung in % des Indikators g CO_2/$ von 2017 bis 2030, für die beiden Klimaziele.

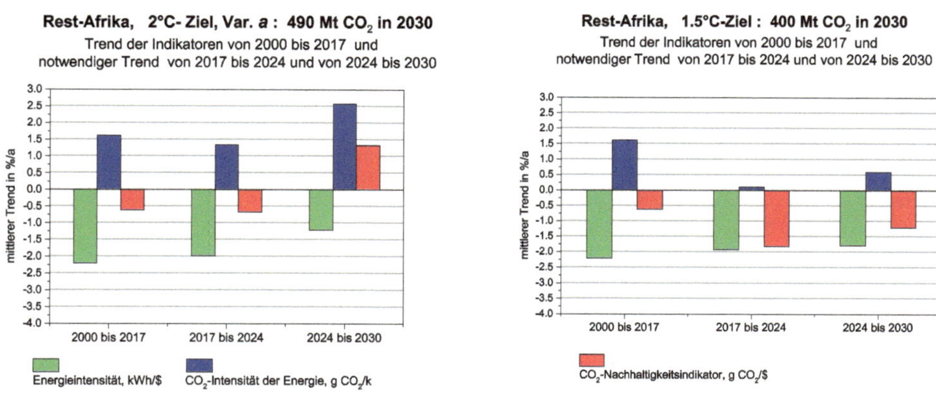

Abb. 6.11   Indikatoren-Trend in %/a von 2000 bis 2017 und notwendige Trendänderung ab 2017 zur Einhaltung des 2- Grad- bzw. 1,5-Grad-Ziels

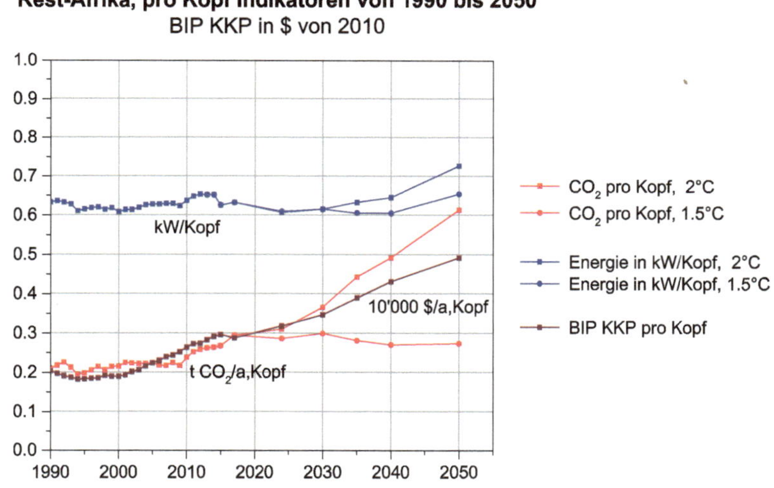

Abb. 6.12   Pro-Kopf-Indikatoren Rest-Afrikas von 1990 bis 2017 und 2-Grad- bzw. 1,5-Grad Szenario bis 2050

Die **grüne Linie** entspricht der im **Mittel weltweit notwendigen Reduktion** des Indikators.

Die **roten Werte** geben, in Übereinstimmung mit der vorangehenden Analyse, die **empfohlene Änderung für die Regionen** Afrikas und für Afrika insgesamt. Die Marge relativ zum weltweiten Mittel ist ein Bonus für alle die Entwicklungs- und Schwellenländer. Sie wird ermöglicht und kompensiert durch eine entsprechend stärkere Anstrengung der Industriewelt (was Amerika betrifft, s. Bd. II [2]).

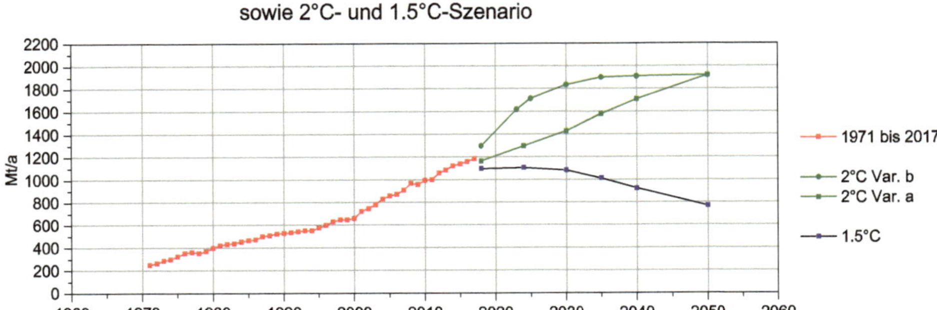

Abb. 6.13 Mit dem 2-Grad- und 1,5-Grad-Ziel kompatible Szenarien für Afrika

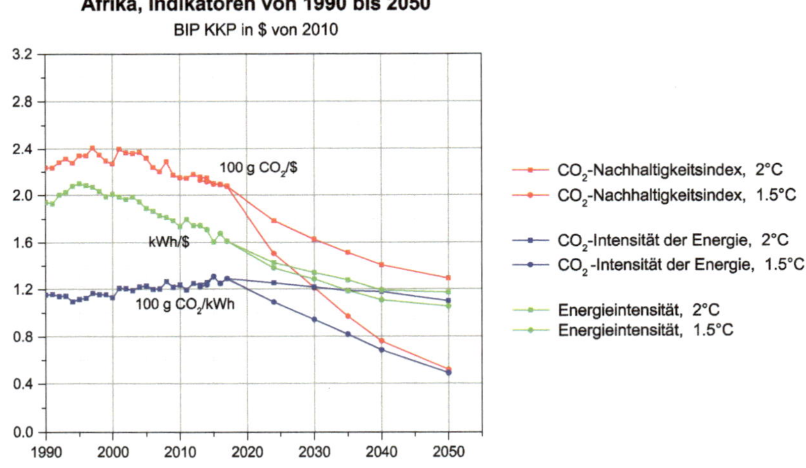

Abb. 6.14 Indikatoren-Verlauf von 1990 bis 2017 und mit dem 2-Grad- bzw. 1,5-Grad-Ziel kompatibler Verlauf bis 2050

Ziele unter 2 °C

Das Klimaziel 2 °C (Variante a) ermöglicht prinzipiell auch Ziele unter 2 °C, z. B. 1,5 °C, mit verstärkten Anstrengungen ab 2030. Für das 1,5-Grad-Ziel dürfen bis 2100 die kumulierten Emissionen seit 1870 höchstens 550 Gt C betragen (s. Kap. 1 und [11]). Da weltweit bis 2030, selbst mit der strengeren Variante a des 2-Grad-Ziels, die kumulierten Emissionen bereits 500 Gt C erreichen, verbleibt eine Reserve von nur 50 Gt C, was 180 Gt CO_2 entspricht. Eine schärfere Gangart schon ab 2020 mit dem Ziel der CO_2-Neutralität bis 2050 und die Hilfe sogenannter „negativer Emissionen" [11] dürfte dann notwendig werden.

Die zur raschen und starken Verbesserung der CO_2-Nachhaltigkeit **notwendigste Massnahme,** zur Gewährleistung mindestens des 2-Grad-Ziels und wenn möglich

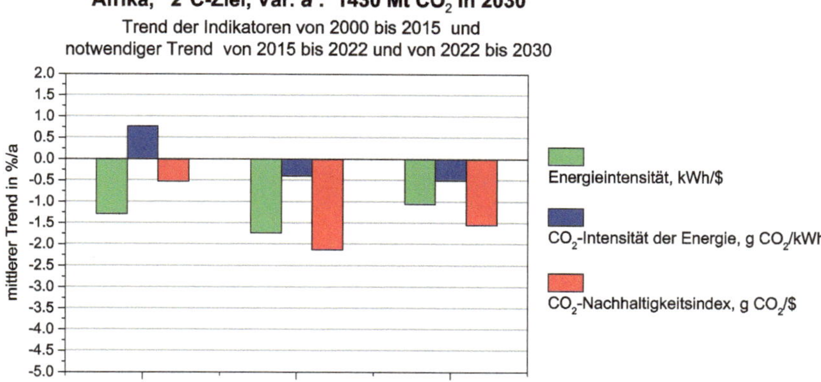

Abb. 6.15 Indikatoren-Trend in %/a von 2000 bis 2015 und notwendige Trendänderung ab 2015, Variante α

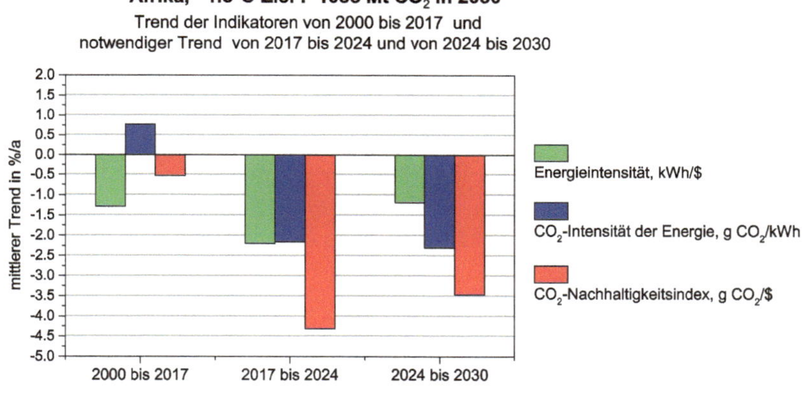

Abb. 6.16 Indikatoren-Trend in %/a von 2000 bis 2017 und notwendige Trendänderung ab 2017

des 1,5-Grad-Ziels, ist eine rasch fortschreitende Entwicklung zu einer **CO_2-freien Elektrizitätsproduktion.** Diese kann in erster Linie durch erneuerbare Energien (Wind, Sonne, Wasser, Geothermie), aber auch durch Kernenergie oder CCS (Carbon Capture and Storage) erreicht werden. Ebenso notwendig ist die Anpassung der Netze und Speicherungstechniken an die hohe Variabilität von Solar- und Windenergie.

Ein nachhaltiger Energieverbrauch erfordert:

- Bei Heizwärme- und Kühlung: bessere **Gebäudeisolation,** Ersatz von Ölheizungen zumindest durch Gasheizungen und besser durch **Wärmepumpenheizungen** (s. dazu auch Kap. 5 und [10]), sowie durch **Solar-Warmwasser** und möglichst **CO_2-frei erzeugte Fernwärme.** Kühlung mit **Erdsonden und CO_2-arm erzeugte Elektrizität.**

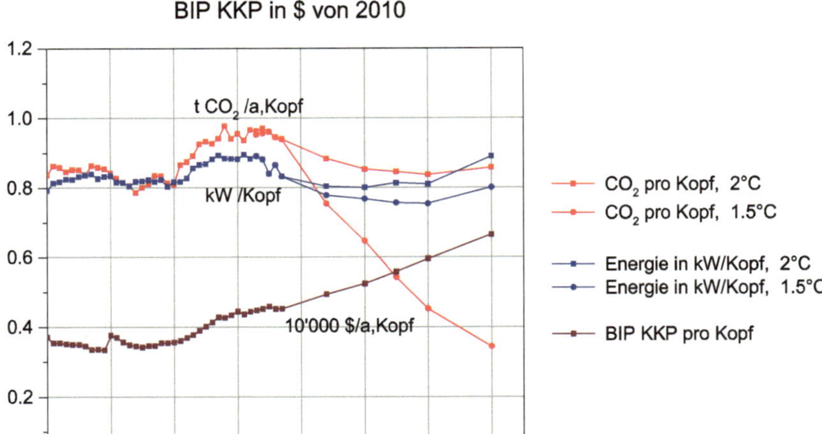

Abb. 6.17 Pro-Kopf-Indikatoren Afrikas von 1980 bis 2015 und 2-Grad-Szenario bis 2050

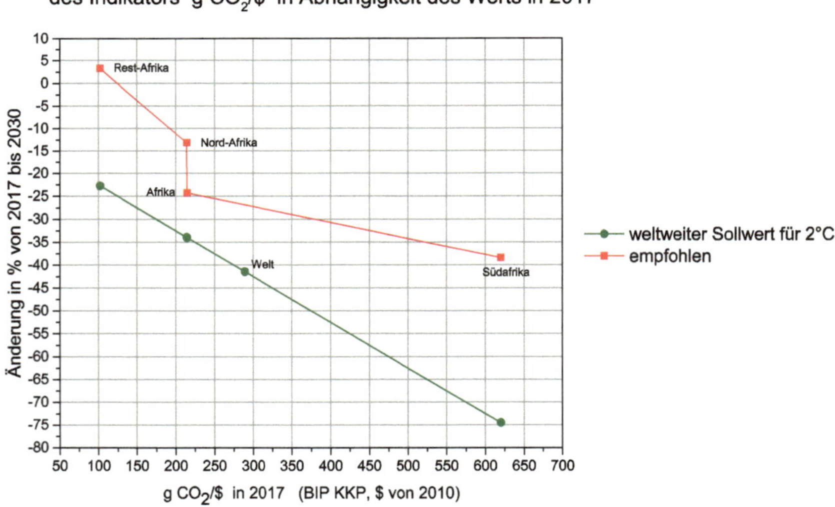

Abb. 6.18 Notwendige Änderung des Indikators g CO_2/$, um das 2-Grad-Klimaziel zu erreichen, Variante *a*. Beispiel: Südafrika hat in 2017 ein Indikator von 620 g CO_2/$ und müsste bis 2030 diesen um 40 %, d. h. auf rund 380 g CO_2/$ reduzieren

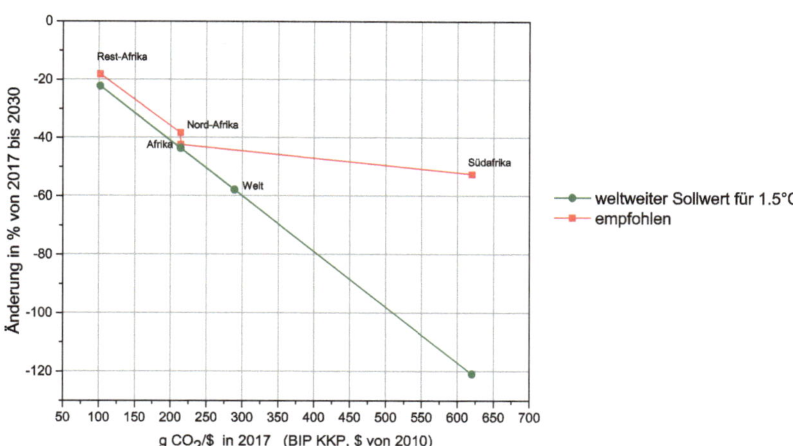

Abb. 6.19 Notwendige Änderung des Indikators g CO_2/\$ bis 2030, um das 1,5-Grad-Klimaziel zu erreichen. Für Südafrika bedeutet dies eine Reduktion um rund 53 % von 620 auf 294 g CO_2/\$

- Bei Prozesswärme: Ersatz fossiler Energieträger soweit möglich durch **CO_2-arm erzeugte Elektrizität** und **Solarwärme.**
- Im Verkehr: **effizientere** Motoren und fortschreitende **Elektrifizierung:** Bahnverkehr, Elektro- und Hybridfahrzeuge für den Privat- und Warenverkehr. Letztere sind sehr sinnvoll ab einer **CO_2-armen Elektrizitätsproduktion** von mindestens 50 % (s. dazu Tab. 5.4). Ebenso notwendig ist der Ersatz fossiler Treibstoffe durch die grossangelegte Produktion **CO_2-neutraler synthetischer Treibstoffe** (PtG, Power to Gas) mit Photovoltaik-Anlagen, in sonnenreichen Gegenden, und somit in Afrika als Exportprodukt durchaus denkbar, für den Luft-, See- und Langstreckenverkehr.

7.1 Ägypten und Algerien

Ägypten und Algerien sind die bevölkerungsreichsten Länder von Nord-Afrika. Der Nachhaltigkeitsindex von Nord-Afrika müsste bis 2030 für das 2-Grad-Ziel weniger als 190 g CO_2/\$ und für das 1,5-Grad-Ziel etwa 130 g CO_2 erreichen. Die entsprechenden Werte für 2050 sind 160 g CO_2/\$ und 80 g CO_2/\$.

7.1.1 Energieflüsse in Ägypten (Abb. 7.1 und 7.2)

Einwohnerzahl: 95 Mio.
Die Energiebilanz Ägyptens ist ausgeglichen. Die Eigenproduktion deckt weitgehend den Bedarf für die Elektrizitätserzeugung sowie den Wärme- und Treibstoffbedarf (Abb. 7.1). Die CO_2-Nachhaltigkeit ist in 2017 mit 196 g CO_2/\$ tragbar, muss aber mittelfristig durch mehr erneuerbare Energien für die Elektrizitätsproduktion und evtl. mit Geothermie deutlich verbessert werden.

7.1.2 Energieflüsse in Algerien (Abb. 7.3 und 7.4)

Einwohnerzahl: 39 Mio.
Algerien exportiert Öl und Ölprodukte. Die CO_2-Nachhaltigkeit hat sich seit 2000 auf 233 g CO_2/\$ verschlechtert (Abb. 7.3). Eine Inversion der Tendenz ist dringend notwendig durch verstärkten Einsatz von erneuerbaren Energien für die Elektrizitätsproduktion (s. Abb. 7.5), von Geothermie für Haushaltwärme und durch Verbesserung der Energieeffizienz.

© Springer Fachmedien Wiesbaden GmbH, ein Teil von Springer Nature 2020
V. Crastan, *Klimawirksame Kennzahlen Band I*,
https://doi.org/10.1007/978-3-658-30335-8_7

Ägypten, 2017
Energiefluss im Energiesektor und totale CO2-Emissionen (ohne Schiff- und Luftfahrt-Bunker)

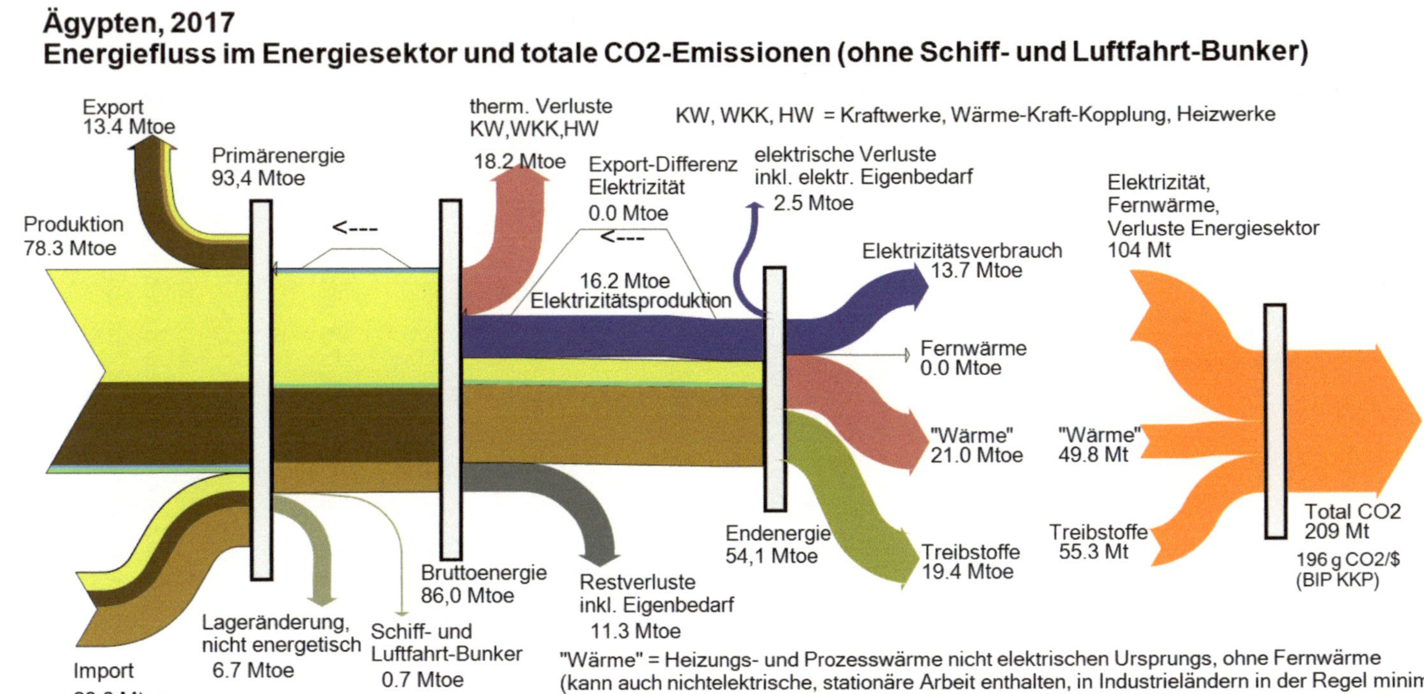

Abb. 7.1 Ägypten: Energiefluss im Energiesektor von der Primärenergie zur Endenergie und CO_2-Ausstoss. Die Energieträgerfarben sind wie in Abb. 5.4 und 5.6 (aber Erdöl dunkelbraun, Erdölprodukte hellbraun)

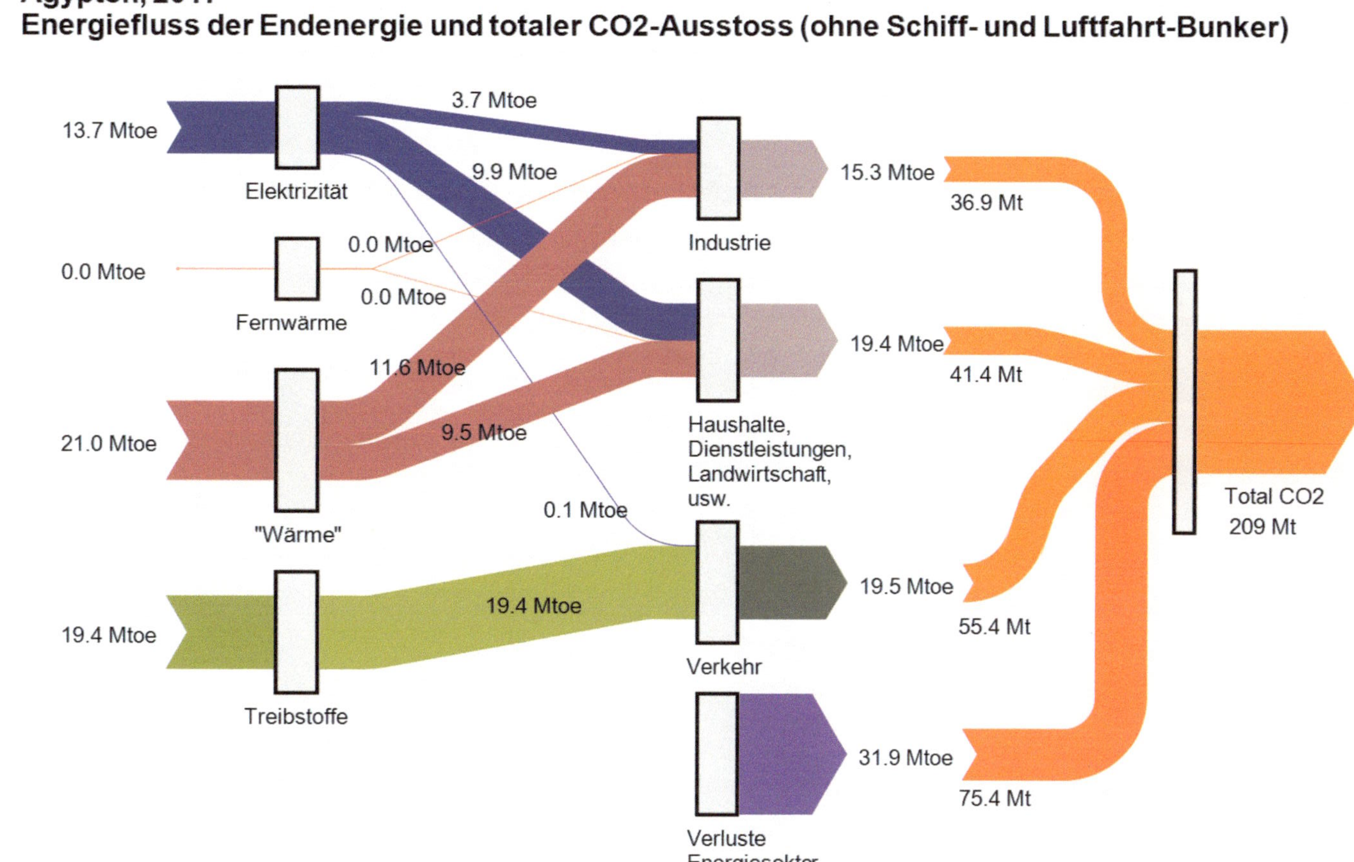

Abb. 7.2   Ägypten: Energiefluss der Endenergie zu den Endverbrauchern und zugeordnete CO_2-Emissionen

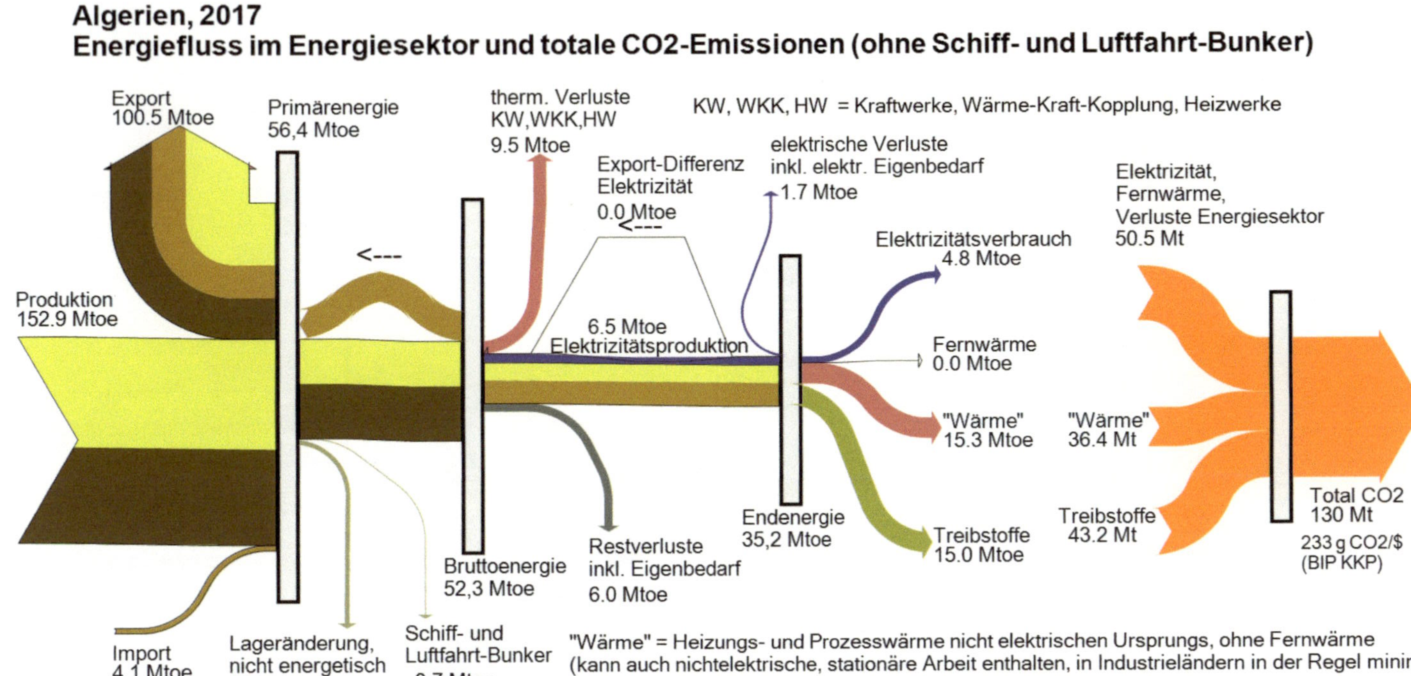

Abb. 7.3 Algerien: Energiefluss im Energiesektor von der Primärenergie zur Endenergie und CO_2-Ausstoss. Die Energieträgerfarben sind wie in Abb. 5.4 und 5.6 (aber Erdöl dunkelbraun, Erdölprodukte hellbraun)

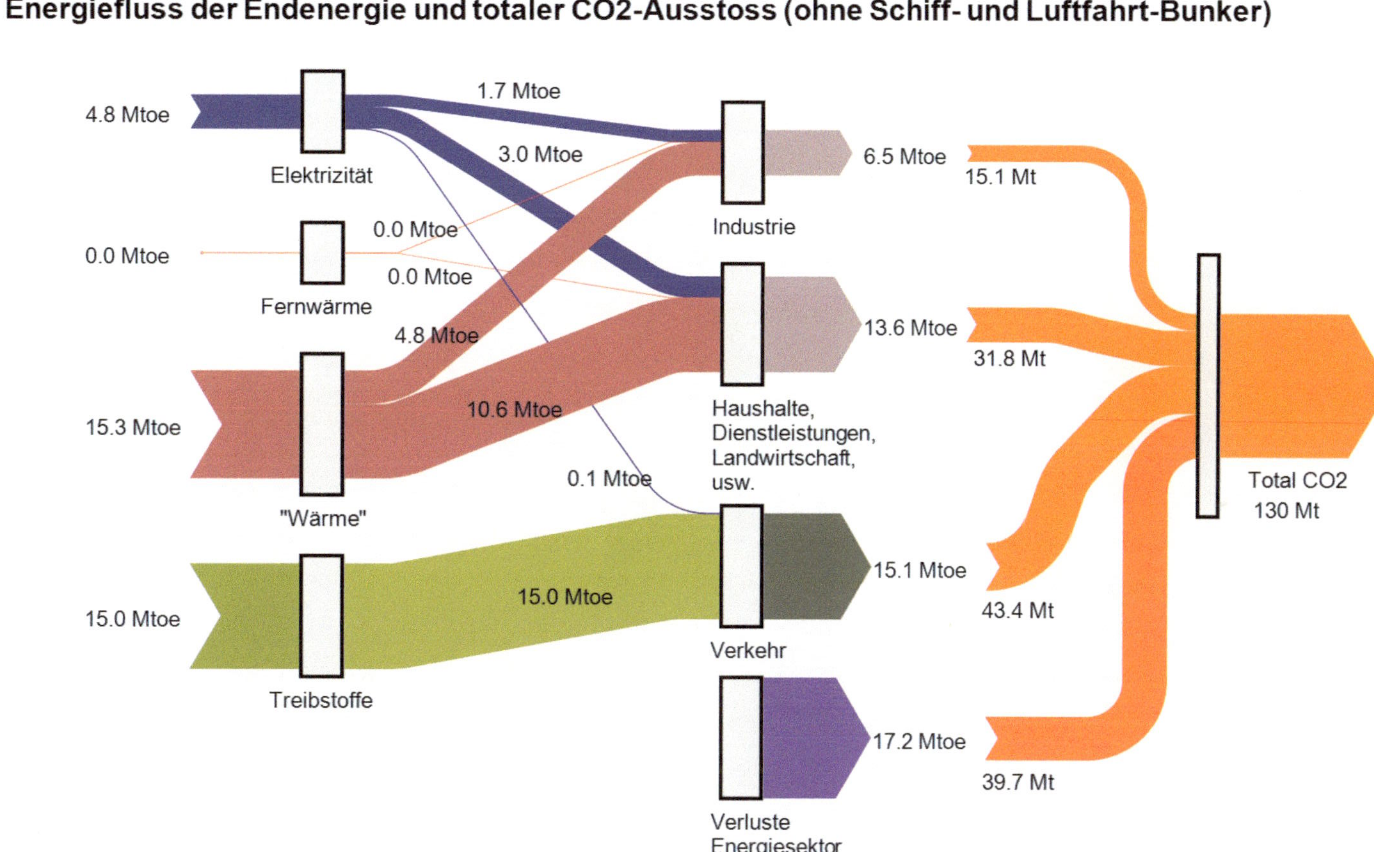

Abb. 7.4 Algerien: Energiefluss der Endenergie zu den Endverbrauchern und zugeordnete CO_2-Emissionen

Ägypten 2017,
Elektrizitätsproduktion 188 TWh

Endverbrauch
159 TWh
Verluste + Eigenbedarf
29 TWh   ~ 18%
Exportüberschuss
0.3 TWh   ~ 0%

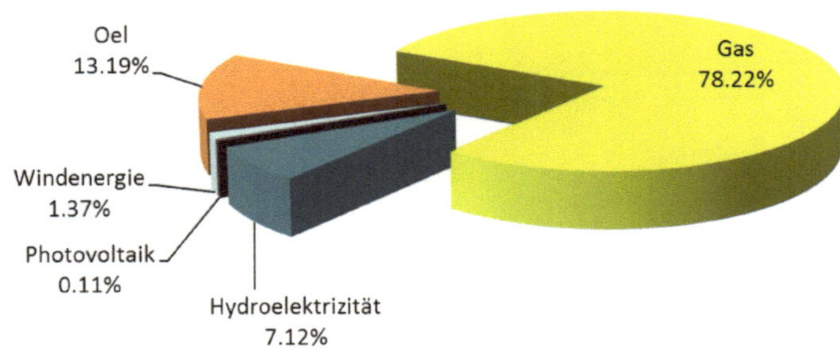

Algerien 2017,
Elektrizitätsproduktion 76 TWh

Endverbrauch
56 TWh
Verluste + Eigenbedarf
19 TWh   ~ 34%
Exportüberschuss
0.3 TWh   ~ 0%

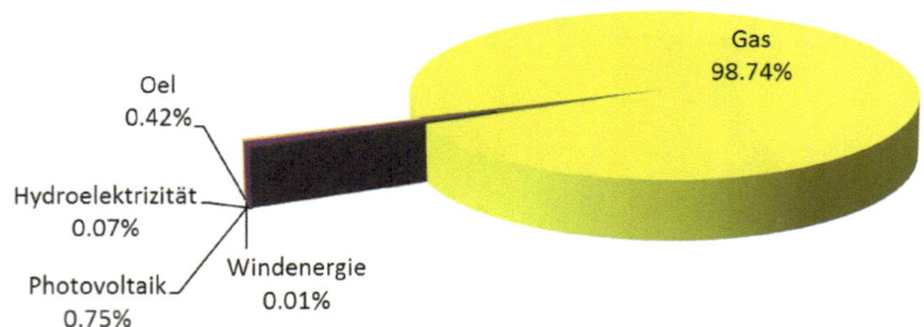

Abb. 7.5   Anteile der Energieträger an der Elektrizitätsproduktion Ägyptens und Algeriens

7.1.3   Elektrizitätsproduktion und -verbrauch

Elektrizitätsproduktion und -verbrauch sind für beide Länder in Abb. 7.5 dargestellt.
Die Prozent-Zahlen beziehen sich auf den Endverbrauch.

7.2   Nigeria, Äthiopien, Tansania und Kenia

Nigeria und Äthiopien sind die bevölkerungsreichsten Länder von Rest-Afrika.

7.2.1 Energieflüsse in Nigeria (Abb. 7.6 und 7.7)

Einwohnerzahl: 177 Mio.
Die Wirtschaft Nigerias beruht auf dem Erdölexport (Abb. 7.6). Die CO_2-Nachhaltigkeit ist 2017 vorerst mit 86 g CO_2/$ noch gut und hat sich seit 2000 trotz Unterentwicklung bis 2010 sogar verbessert, seitdem aber verschlechtert. Fortschritt erfordert eine verbreitete Elektrifizierung, bei Deckung des steigenden Bedarfs möglichst durch Wasserkraft und Solarenergie (Abb. 7.14), sowie Verbesserung der Energieeffizienz. Damit könnte Nigeria zu einem Vorzeigeland im Rahmen des Klimaschutzes werden. Ziel für Rest-Afrika (2-Grad-Klimaziel) ist für 2030 etwa 100 g CO_2/$ (Abb. 6.10). Trotz starker Entwicklung sollten bis 2050 ca. 130 g CO_2/$ nicht überschritten werden. Das 1,5-Grad-Ziel verlangt allerdings für diesen Zeitpunkt eine Reduktion auf etwa 60 g CO_2/$.

7.2.2 Energieflüsse in Äthiopien (Abb. 7.8 und 7.9)

Einwohnerzahl: 97 Mio.
Äthiopien importiert Ölprodukte und exportiert etwas Elektrizität (Abb. 7.8). Die Elektrizitätsproduktion stammt aus Wasserkraft, Wind und Geothermie und ist somit CO_2-frei. Die CO_2-Nachhaltigkeit ist vorerst mit 65 g CO_2/$ sehr gut. Eine starke Elektrifizierung von Landwirtschaft, Haushalten und Industrie würde bei Beibehaltung der Elektrizitätsproduktion aus erneuerbaren Quellen ganz im Sinne des Klimaschutzes sein und die starke Unterentwicklung des Landes überwinden. Wärme könnte vermehrt auch aus Geothermie stammen, dessen Potenzial in Äthiopien beträchtlich ist. Die Energieintensität von 2,8 kWh/$ ist noch sehr hoch, hat sich aber seit 2000 stark verbessert (Abb. 5.16).

7.2.3 Energieflüsse in Tansania (Abb. 7.10 und 7.11)

Einwohnerzahl: 53 Mio.
Neben Biomasse ist Erdgas die wichtigste eigene Energiequelle (Abb. 7.10). Die Entwicklung Tansanias erfordert eine starke Elektrifizierung. Zur Elektrizitätsproduktion sollten neben Gas und Wasserkraft (Abb. 7.15) vermehrt auch Solarenergie und Geothermie eingesetzt werden. Damit könnte man einen weiteren Anstieg des Indikators der CO_2-Nachhaltigkeit vermeiden (67 g CO_2/$ in 2017, s. Abb. 5.22) und einen wesentlichen Beitrag zum Klimaschutz leisten.

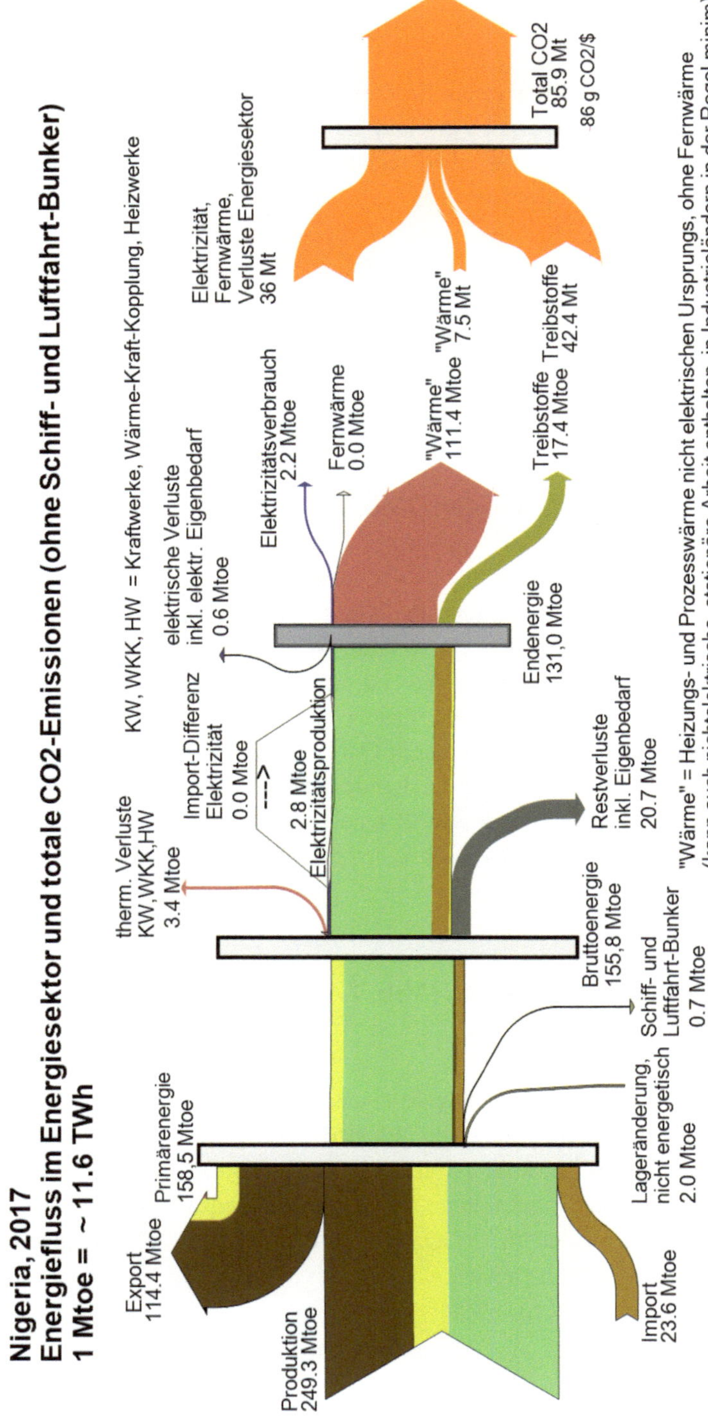

Abb. 7.6 Nigeria: Energiefluss im Energiesektor von der Primärenergie zur Endenergie und CO_2-Ausstoss. Die Energieträgerfarben sind wie in Abb. 5.4 und 5.6 (aber Erdöl dunkelbraun, Erdölprodukte hellbraun).

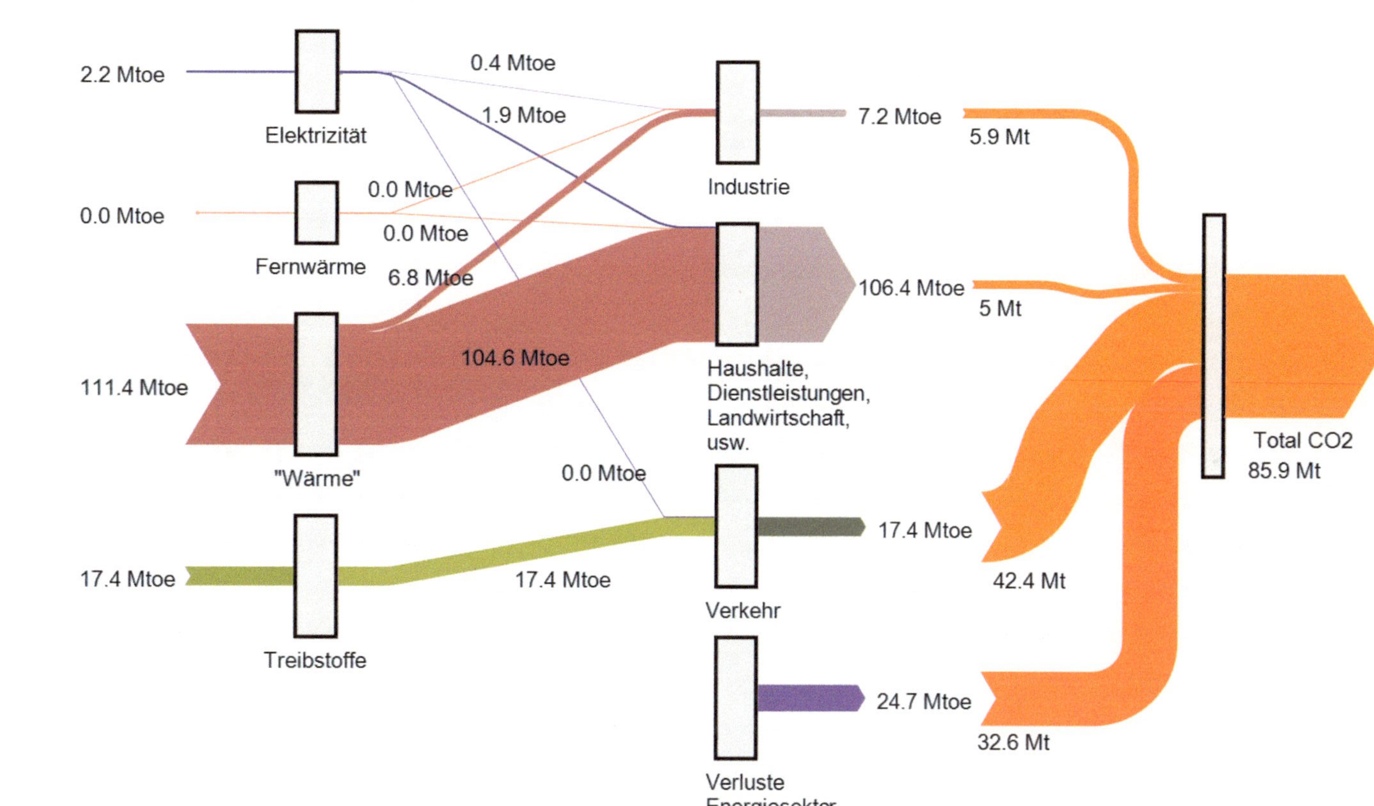

Abb. 7.7 Nigeria: Energiefluss der Endenergie zu den Endverbrauchern und zugeordnete CO_2-Emissionen

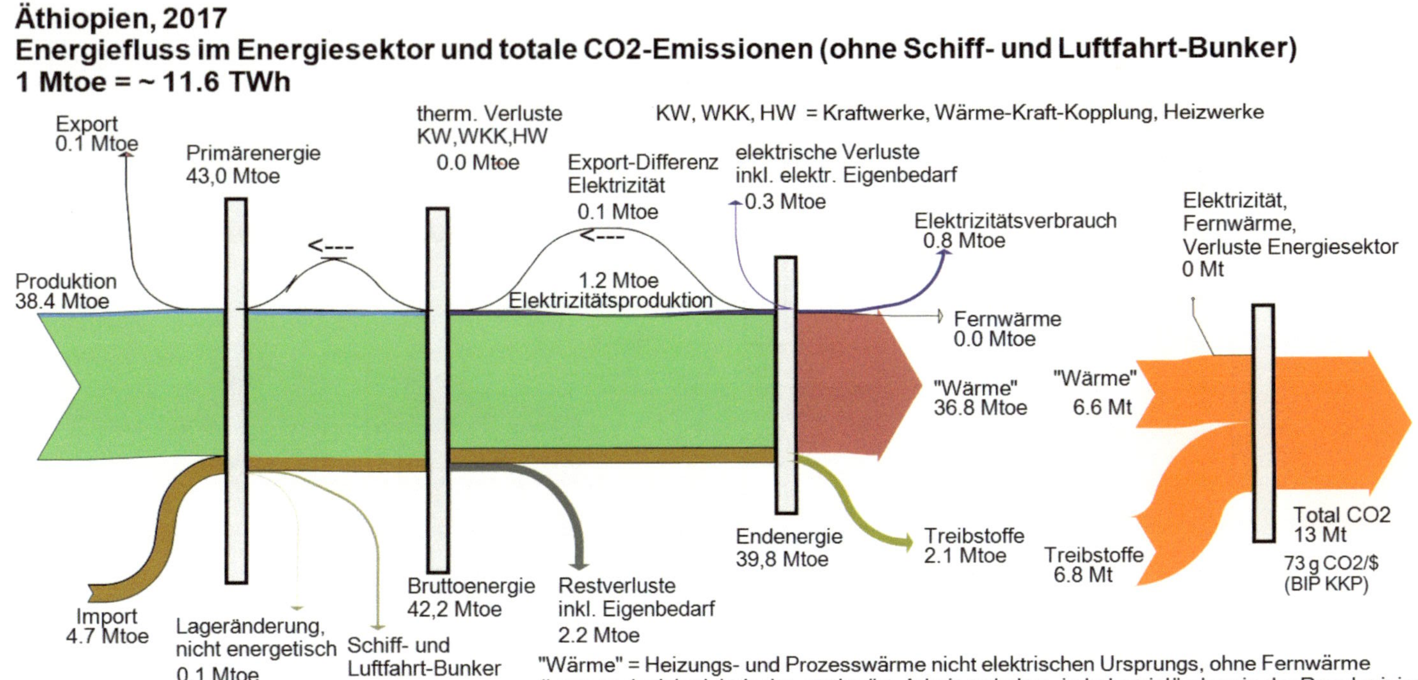

Abb. 7.8 Äthiopien: Energiefluss im Energiesektor von der Primärenergie zur Endenergie und CO_2-Ausstoss. Die Energieträgerfarben sind wie in Abb. 5.4 und 5.6 (aber Erdöl dunkelbraun, Erdölprodukte hellbraun)

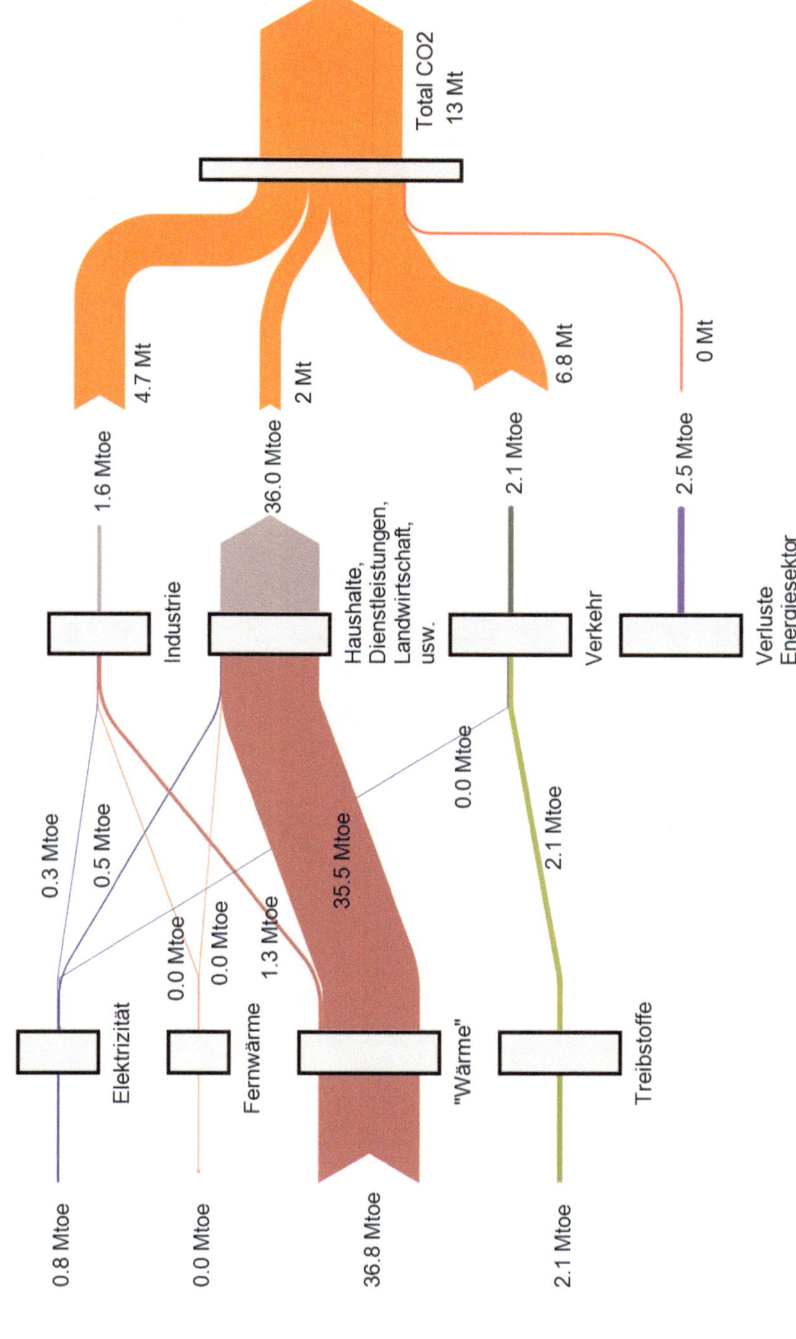

Abb. 7.9   Äthiopien: Energiefluss der Endenergie zu den Endverbrauchern und zugeordnete CO_2-Emissionen

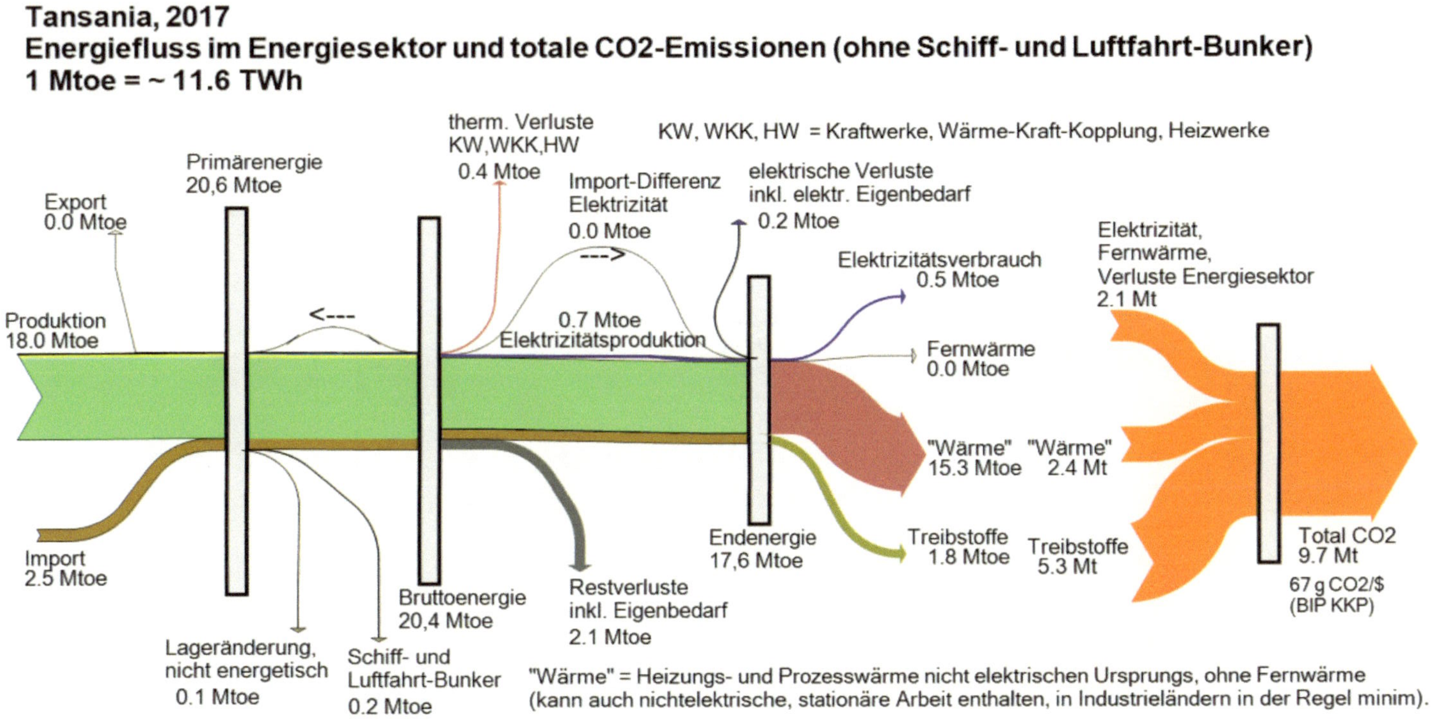

Abb. 7.10 Tansania: Energiefluss im Energiesektor von der Primärenergie zur Endenergie und CO_2-Ausstoss. Die Energieträgerfarben sind wie in Abb. 5.4 und 5.6 (aber Erdöl dunkelbraun, Erdölprodukte hellbraun)

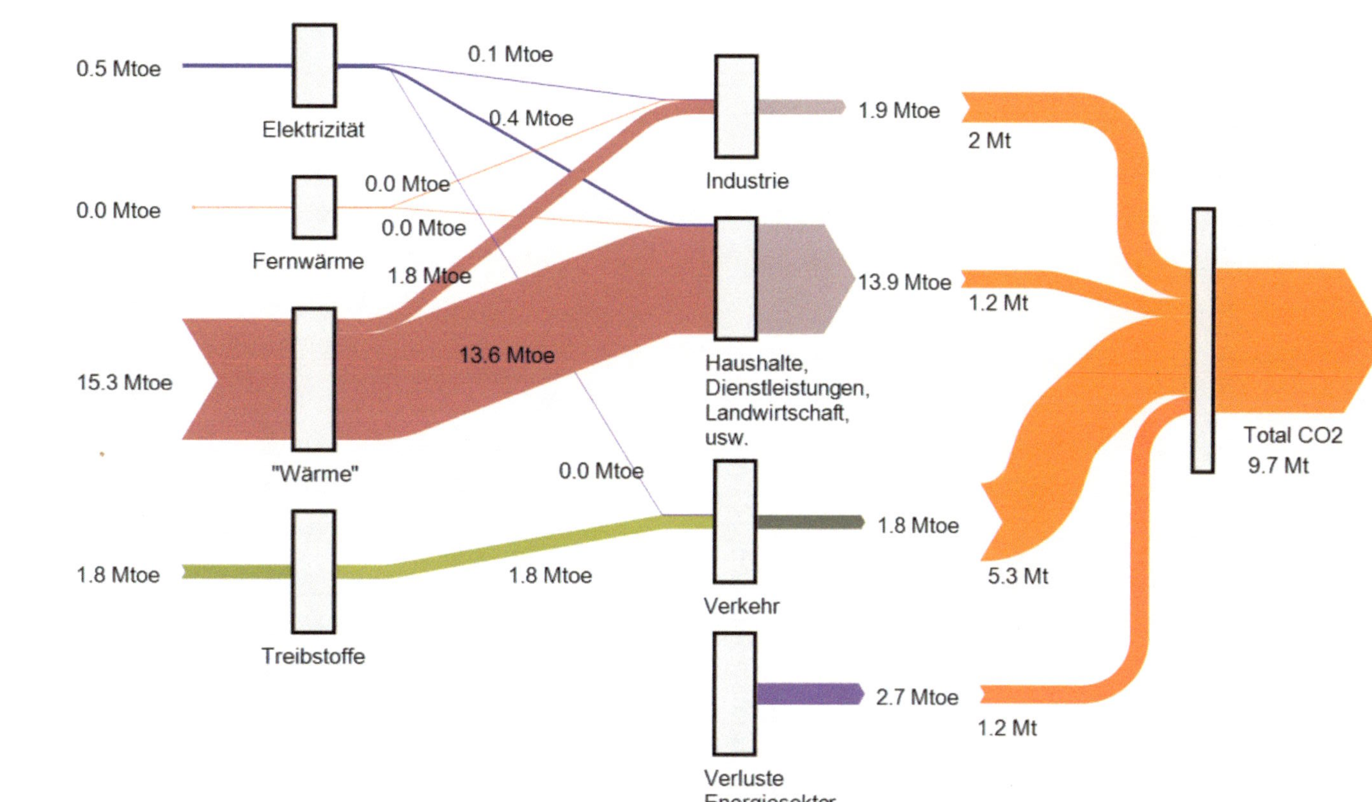

Abb. 7.11   Tansania: Energiefluss der Endenergie zu den Endverbrauchern und zugeordnete CO_2-Emissionen

7.2.4   Energieflüsse in Kenia (Abb. 7.13 und 7.14)

Einwohnerzahl: 47 Mio.
Neben Biomasse ist Geothermie die wichtigste eigene Energiequelle (Abb. 7.15). Die Entwicklung Kenias erfordert ebenfalls eine starke Elektrifizierung. Zur Elektrizitätsproduktion sollte neben Geothermie und Wasserkraft (Abb. 7.15) vermehrt auch Solarenergie eingesetzt werden. Damit könnte der Indikator der CO_2-Nachhaltigkeit ($107\,g\,CO_2$/\$ in 2017 und seit 2000 etwas gesunken, s. Abb. 5.22) weiter reduziert werden und zum Klimaschutz beitragen.

7.2.5   Elektrizitätsproduktion und -verbrauch

Nigeria, Äthiopien, Kenia und Tansania haben zusammen 42 % der Bevölkerung Rest-Afrikas und generieren ca. 54 % von dessen BIP (KKP).

Elektrizitätsproduktion und -verbrauch sind in den Abb. 7.12 und 7.15 dargestellt.Die Prozent-Zahlen beziehen sich auf den Endverbrauch.

**Nigeria 2017,
Elektrizitätsproduktion 32 TWh**

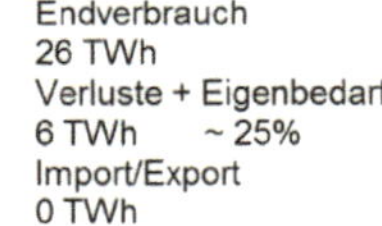

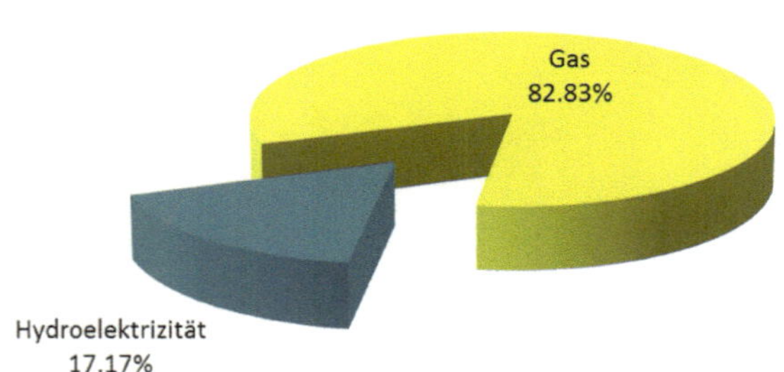

**Äthiopien 2017,
Elektrizitätsproduktion 13.9 TWh**

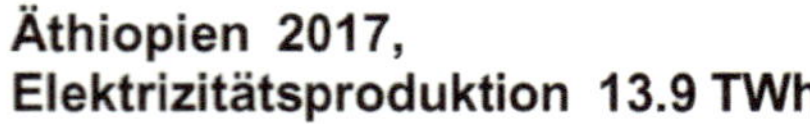

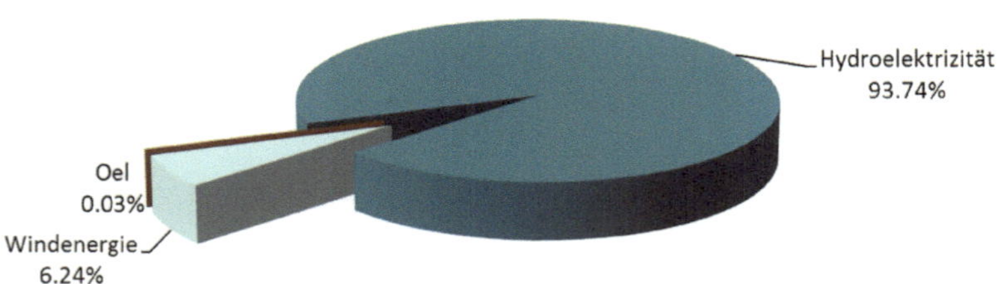

Abb. 7.12 Anteile der Energieträger an der Elektrizitätsproduktion von Nigeria und, Äthiopien

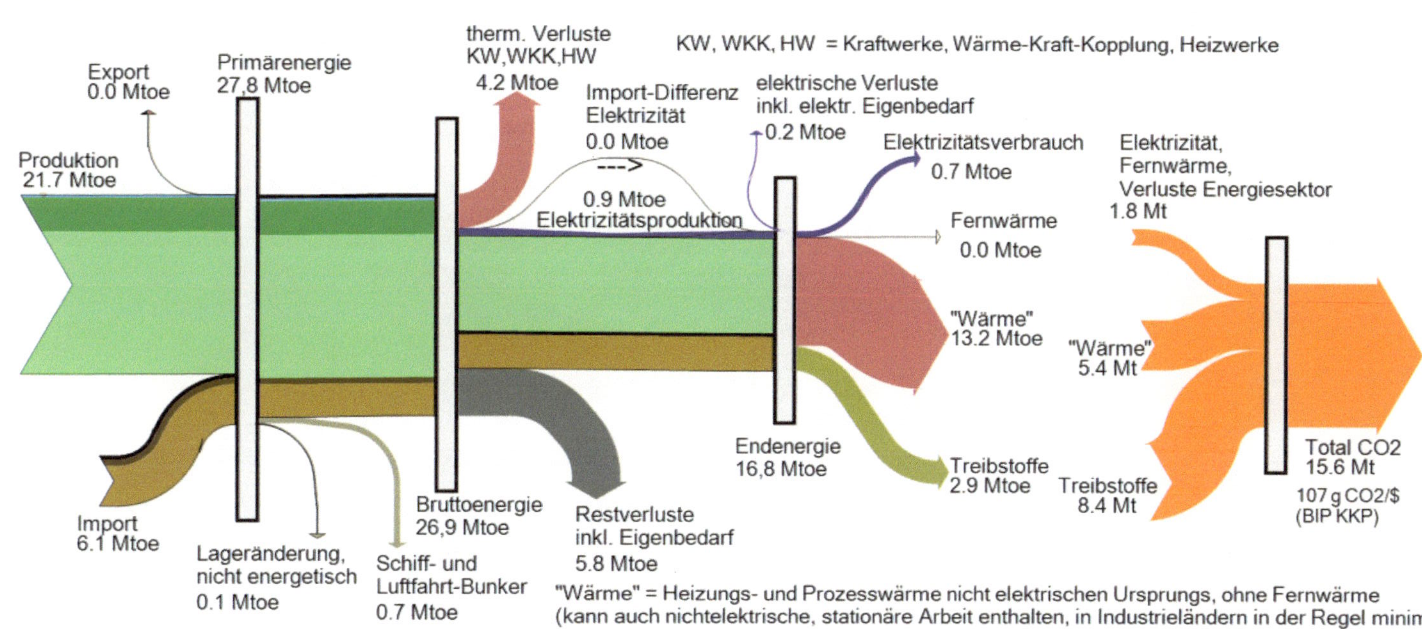

Abb. 7.13 Kenia: Energiefluss im Energiesektor von der Primärenergie zur Endenergie und CO_2-Ausstoss. Die Energieträgerfarben sind wie in Abb. 5.4 und 5.6 (aber Erdöl dunkelbraun, Erdölprodukte hellbraun)

Kenia, 2017
Energiefluss der Endenergie und totaler CO2-Ausstoss (ohne Schiff- und Luftfahrt-Bunker)

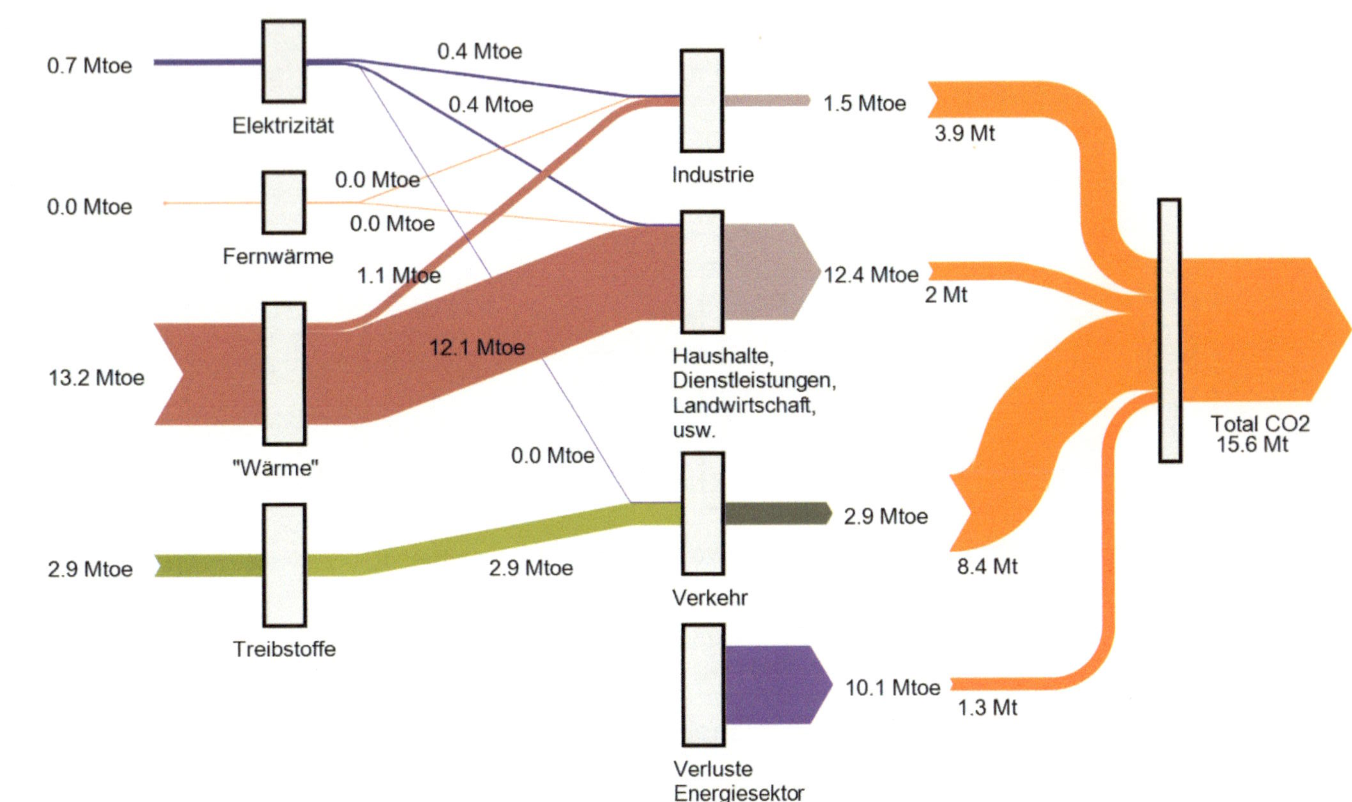

Abb. 7.14   Kenia: Energiefluss der Endenergie zu den Endverbrauchern und zugeordnete CO_2-Emissionen

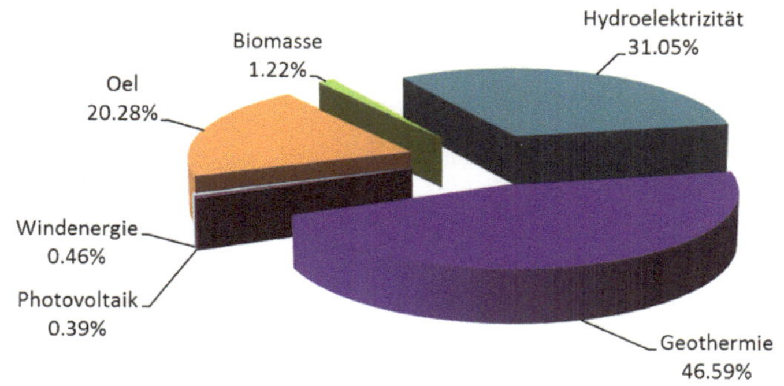

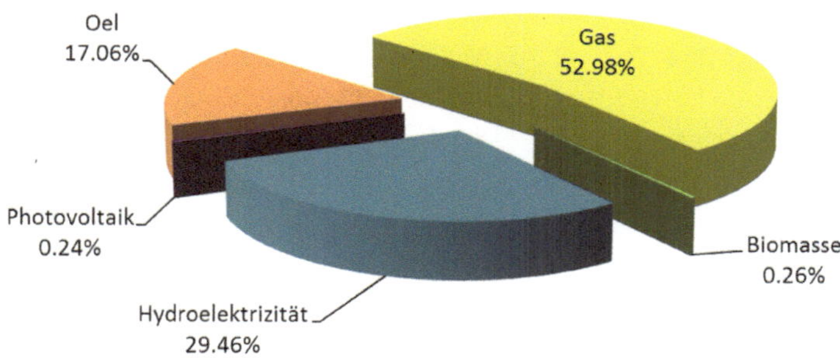

Abb. 7.15 Anteile der Energieträger an der Elektrizitätsproduktion in Kenia und Tansania

7.3   Zusammenfassende Tabellen und Kommentare zu Indikatoren und CO_2-Intensitäten

Tab. 7.1 gibt die **Energieintensität** und die **Emissionen pro Kopf** sowie die detaillierten Werte der **CO_2-Intensitäten der Endenergien und der Endverbraucher** für einige der gewichtigsten Länder Afrikas (Die Werte ergeben sich aus den Energiefluss-Diagrammen).

Tab. 7.1 Energieintensität, Emissionen pro Kopf und CO_2-Intensitäten der Energie (letztere detailliert pro Endenergie und Endverbraucher) im Jahr 2017 für einige der die bevölkerungsreichsten Länder Afrikas. El-G = Elektrifizierungsgrad (Anteil Elektrizität an der Endenergie)

Ägypten (Energieintensität 0,94 kWh/\$, Emissionen 2,2 t CO_2/Kopf), El-G = 25,3 %

Energieart (Abb. 7.1)	g CO_2/kWh	Endverbraucher (Abb. 7.2)	g CO_2/kWh
Wärme (ohne Elektr.)	204	Industrie	208
Treibstoffe	246	Haushalte etc.	184
Energiesektor	197	Verkehr	245
Total	**209**	Verluste Energiesektor	204

Algerien (Energieintensität 1,09 kWh/\$, Emissionen 3,1 t CO_2/Kopf), El-G = 13,8 %

Energieart (Abb. 7.3)	g CO_2/kWh	Endverbraucher (Abb. 7.4)	g CO_2/kWh
Wärme (ohne Elektr.)	204	Industrie	200
Treibstoffe	248	Haushalte etc.	202
Energiesektor	198	Verkehr	248
Total	**214**	Verluste Energiesektor	200

Südafrika (Energieintensität 2,20 kWh/\$, Emissionen 7,4 t CO_2/Kopf), El-G = 26,1 %

Energieart (Abb. 5.9)	g CO_2/kWh	Endverbraucher (Abb. 5.10)	g CO_2/kWh
Wärme (ohne Elektr.)	241	Industrie	272
Treibstoffe	243	Haushalte etc.	243
Energiesektor	307	Verkehr	244
Total	**283**	Verluste Energiesektor	312

Nigeria (Energieintensität 1,82 kWh/\$, Emissionen 0,45 t CO_2/Kopf), El-G = 1,1 %

Energieart (Abb. 7.6)	g CO_2/kWh	Endverbraucher (Abb. 7.7)	g CO_2/kWh
Wärme (ohne Elektr.)	6	Industrie	71
Treibstoffe	210	Haushalte etc.	4
Energiesektor	115	Verkehr	210
Total	**48**	Verluste Energiesektor	114

Äthiopien (Energieintensität 2,77 kWh/\$, Emissionen 0,14 t CO_2/Kopf), El-G = 2,1 %

Energieart (Abb. 7.8)	g CO_2/kWh	Endverbraucher (Abb. 7.9)	g CO_2/kWh
Wärme (ohne Elektr.)	16	Industrie	247
Treibstoffe	275	Haushalte etc.	5
Energiesektor	0	Verkehr	275
Total	**27**	Verluste Energiesektor	0

Tansania (Energieintensität 1,63 kWh/\$, Emissionen 0,18 t CO_2/Kopf), El-G = 2,9 %

Energieart (Abb. 7.10)	g CO_2/kWh	Endverbraucher (Abb. 7.11)	g CO_2/kWh
Wärme (ohne Elektr.)	13	Industrie	92
Treibstoffe	254	Haushalte etc.	7
Energiesektor	55	Verkehr	254
Total	**41**	Verluste Energiesektor	38

(Fortsetzung)

Tab. 7.1   (Fortsetzung)

Kenia (Energieintensität 2,15 kWh/\$, Emissionen 0,33 t CO_2/Kopf), El

Energieart (Abb. 7.12)	g CO_2/kWh	Endverbraucher (Abb. 7.13)	g CO_2/ kWh
Wärme (ohne Elektr.)	36	Industrie	227
Treibstoffe	251	Haushalte etc.	14
Energiesektor	14	Verkehr	251
Total	**50**	Verluste Energiesektor	11

Dazu folgende Kommentare:

- Die CO_2-Intensität des **Energiesektors** wird stark vom Grad der **CO_2-Freiheit der Elektrizitätserzeugung** beeinflusst (beste Werte: < 120 g CO_2/kWh in Nigeria und deutlich < 60 g CO_2/kWh in Äthiopien, Tansania, Kenia). Eine CO_2-arme Elektrizitätserzeugung ist, neben der Verminderung der Energieintensität, der beste Weg zur Verbesserung der CO_2-Nachhaltigkeit und Erreichung der Klimaziele.
- In den genannten Ländern liegt die **CO_2-Intensität des Energiesektors** (weitgehend von derjenigen der Elektrizität bestimmt) bei weniger als 60 % derjenigen des **Verkehrssektors.** Eine verbreitete **Elektrifizierung** des Verkehrs (Bahnen, Elektro- und Hybridautos) würde mittelfristig stark zur Verbesserung der CO_2-Nachhaltigkeit beitragen.
- Der Einsatz von **Wärmepumpen** ist allgemein sehr sinnvoll, da der Anteil an CO_2-freier Umweltenergie meistens bei etwa 75 % liegt. Somit würden Wärmepumpen, zumindest in den stärker entwickelten Ländern Afrikas, die CO_2-Intensität des Wärmebereichs reduzieren, selbst dann, wenn die CO_2-Intensität des Energiesektors etwa gleich (wie in Ägypten und Algerien) oder sogar über derjenigen des Wärmesektors liegt (wie in Südafrika).
- Die **Energieintensität** ist ein weiterer wichtiger Indikator. Er hängt von der **Effizienz des Energieeinsatzes** ab. Bei Unterentwicklung ist er hoch, nimmt normalerweise bei zunehmender Entwicklung ab und sollte bis 2050 für Rest-Afrika auf deutlich weniger als 1,5 kWh/\$ und für Afrika insgesamt auf 1,1 kWh/\$ stabilisiert werden (Abschn. 6.3 und 6.4).
- Der **Indikator der CO_2-Nachhaltigkeit** (g CO_2/\$) ist das Produkt von Energieintensität und CO_2-Intensität der Energie.

Die **Emissionen pro Kopf** in t CO_2/Kopf und Jahr ergeben sich als Produkt von Index der CO_2-Nachhaltigkeit und Wohlstandsindikator (\$/Kopf und Jahr):

$$\mathrm{t}\,CO_2/\mathrm{Kopf}\,\mathrm{a} \;=\; \mathrm{g}\,CO_2/\$ \,*\, \$/\mathrm{Kopf}\,\mathrm{a}/10^6.$$

Im Jahr 2017 waren in Nord-Afrika das mittlere jährliche kaufkraftbereinigte Bruttoinlandsprodukt **9700 \$/Kopf** und die CO_2-Emissionen **2,1 t/Kopf,** entsprechend einem Index der CO_2-Nachhaltigkeit von **214 g CO_2/\$.** Um bis 2050, nach vorübergehendem

Anstieg, auf einen für das 2-Grad-Klimaziel zulässigen Wert von **2 t/Kopf** zurück-zukommen (s. Abb. 6.4), muss, bei einer Zunahme des BIP (KKP) auf z. B. **14.000 \$/ Kopf,** der Index der CO_2-Nachhaltigkeit auf rund **140 g CO_2/\$** vermindert werden. Das 1,5-Grad-Ziel verlangt ab sofort eine progressive Reduktion auf **1,6 t CO_2/ Kopf** bis 2030 und auf **0,6 t CO_2/Kopf** bis 2050, entsprechend dann einem Index der CO_2-Nachhaltigkeit von **45 g CO_2/\$.**

In Rest-Afrika waren in 2017 das mittlere BIP (KKP) nur etwa **2900 \$/Kopf** und die CO_2-Emissionen **0,3 t/Kopf,** entsprechend einem Index der CO_2-Nachhaltigkeit von **102 g CO_2/\$.** Um bis 2050 die CO_2-Emissionen auf einen für das 2-Grad-Klimaziel noch zulässigen Anstieg auf **0,6 t/Kopf** zu begrenzen (s. Abb. 6.12), darf, bei einer Zunahme des BIP (KKP) auf z. B. **5000 \$/Kopf,** der Index der CO_2-Nachhaltigkeit **125 g CO_2/\$** nicht überschreiten. Für das 1,5-Grad-Klimaziel müssten die Emissionen gar auf **0,3 t/Kopf** stabilisiert werden, was für 2050 einem Nachhaltigkeitsindex von **60 g CO_2/\$** entspricht.

Literatur

1. Crastan V.: Klimawirksame Kennzahlen Band I, Europa + Eurasien und Afrika (2. Auflage), Springer Vieweg Wiesbaden, 2018
2. Crastan V.: Klimawirksame Kennzahlen Band II, Amerika, Nahost und Südasien, Ostasien und Ozeanien (2.Auflage), Springer Vieweg Wiesbaden, 2019
3. IEA, International Energy Agency. Statistics & Balances, www.iea.org, October 2019
4. IMF, WEO Databases www.imf.org, October (2019)
5. IPCC (Intergovernmental Panels on Climate Change): 5. Bericht, Working Group I, September 2013
6. IPCC, 5. Bericht, Working Group II, März 2014
7. IPCC, 5. Bericht, Working Group III, April 2014
8. Steinacher M., Joos F., Stocker T.F. Allowable carbon emissions lowered by multiple climate targets. Nature 499, 2013
9. Oliver Geden, SWP-Studie, Berlin, Die Modifikation des 2-Grad-Ziels, 2012
10. Crastan V.: Elektrische Energieversorgung 2, 4. Auflage, Springer-Verlag, 2017
11. Crastan V.: Weltweiter Energiebedarf und 2-Grad-Klimaziel, Analyse und Handlungsempfehlungen, Springer- Verlag, 2016
12. Crastan V.: Weltweite Energiewirtschaft und Klimaschutz, Springer-Verlag, 2016

© Springer Fachmedien Wiesbaden GmbH, ein Teil von Springer Nature 2020

V. Crastan, *Klimawirksame Kennzahlen Band I,*

https://doi.org/10.1007/978-3-658-30335-8